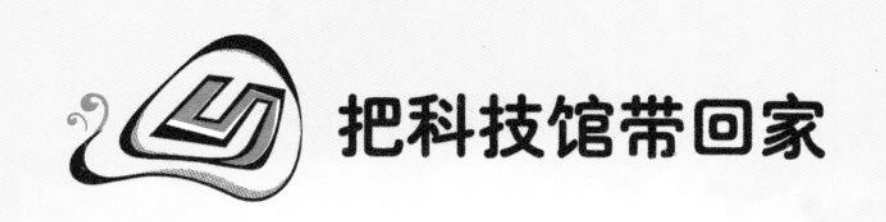

不一样的风火轮

中国科学技术馆　编著

科学普及出版社
·北　京·

图书在版编目（CIP）数据

越做越好玩的科学．第二辑．不一样的风火轮/中国科学技术馆编著．--北京：科学普及出版社，2021.3

（把科技馆带回家）

ISBN 978-7-110-10140-7

Ⅰ.①越…　Ⅱ.①中…　Ⅲ.①科学实验—儿童读物　Ⅳ.①N33-49

中国版本图书馆CIP数据核字（2020）第153093号

《把科技馆带回家》丛书编委会

《越做越好玩的科学第 II 辑》系列编委会

目 录

空气火箭

作者：侯易飞

火箭是由火箭发动机喷射尾气产生的反作用力向前推进的飞行器。它自身携带推进剂，可以在大气层内，也可以在大气层外飞行，是实现航天飞行的重要运载工具。今天我们就利用生活中常见的矿泉水瓶，制作一枚“空气火箭”。

制作空气火箭，你需要准备的材料为：塑料瓶、普通吸管和粗吸管（粗吸管可以无摩擦套在普通吸管上即可）、小木块（或橡皮泥、轻型黏土）、A4 纸半张、剪刀、透明胶带、双面胶、铅笔、尺子。

制作材料

将塑料瓶的瓶盖取下，用剪刀尖端在瓶盖上钻一个圆形孔，大小刚好可以插入细吸管，后将插入吸管的瓶盖盖回塑料瓶待用。

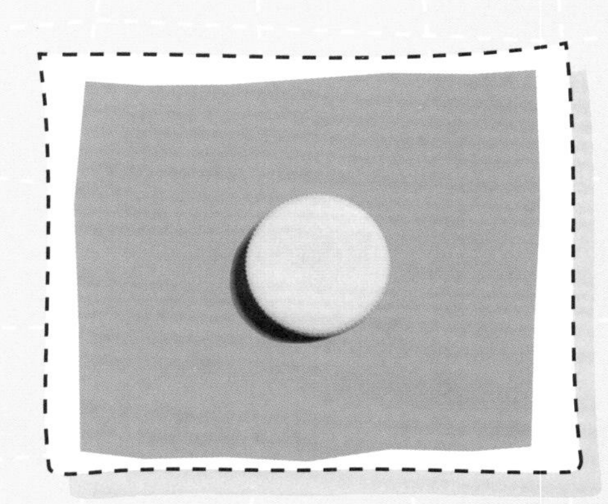

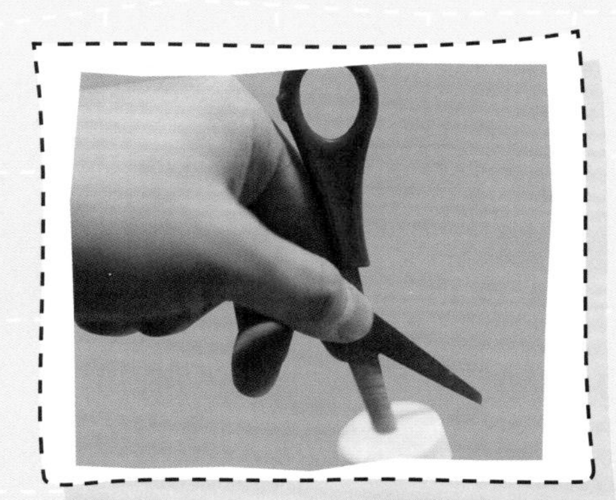

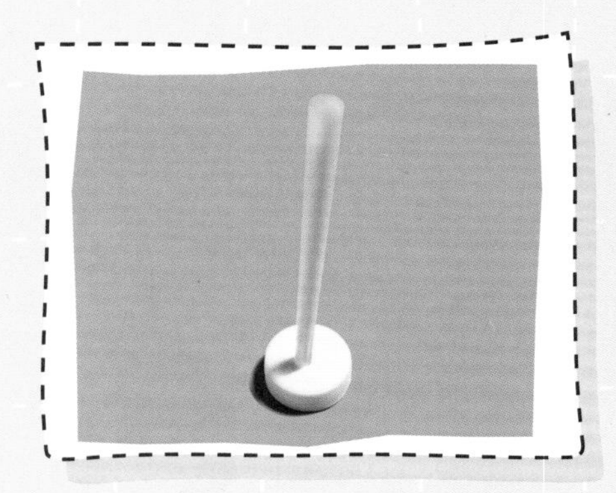

取小木块（或橡皮泥、轻型黏土）适量，塞入粗吸管前端，再用透明胶带封紧，作为“火箭”前端的配重。

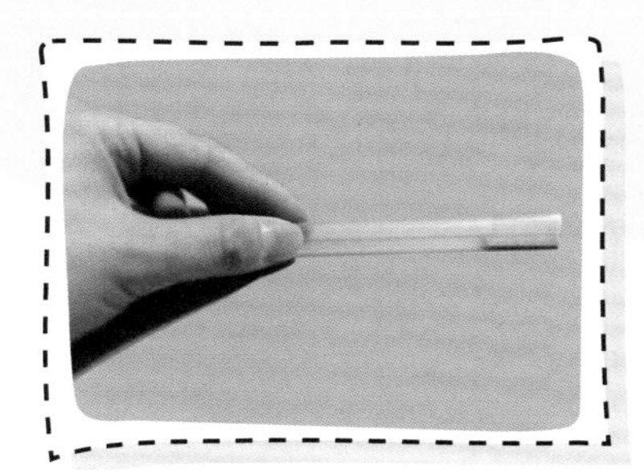

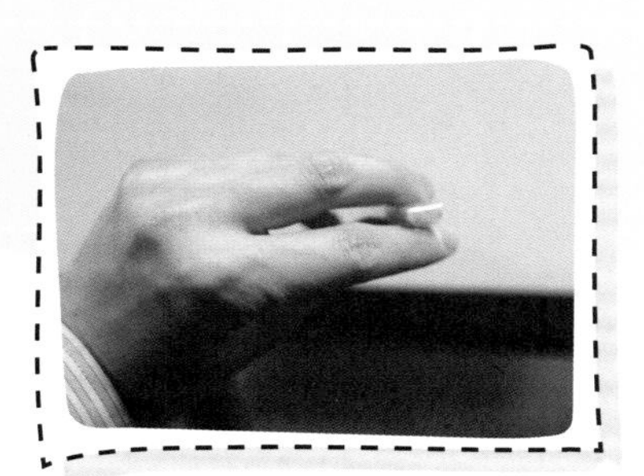

用铅笔和尺子在白纸上画一个（或两个）长 10 厘米、宽 8 厘米的长方形，画出对角线将其分成两个直角三角形，沿边缘剪下。

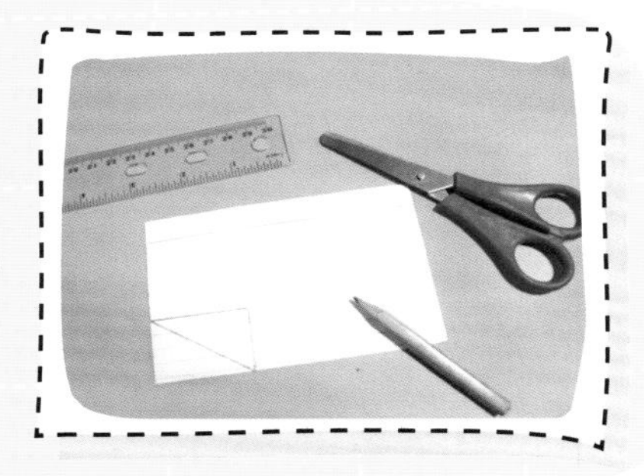

将三角形长边向内弯折 1 厘米，在弯折内侧贴上双面胶，分别贴在粗吸管两侧，作为火箭尾翼（尾翼 4 片或 2 片均可）。

把粗吸管套在普通吸管上，空气火箭制作完成。

6

用手握住塑料瓶，向斜上方稍稍倾斜。突然用力挤压塑料瓶，火箭就会喷射出去啦！

扫码观看演示视频

科学小课堂

手对塑料瓶的挤压，造成了瓶内空气顺着吸管排出使空气火箭发射成功，这证明空气是拥有体积和压力的。

发射出的空气火箭在空中不再受到推力，在重力和空气阻力的影响下，它的运动轨迹会呈弧线下落。

在物理学上，我们将这种发射时提供动力，在空气中飞行时没有动力，只计算重力影响的运动称为抛体运动。这种运动在生活中十分多见，如飞机投弹、瀑布、射箭、铅球等都是抛体运动的研究对象。按照不同投掷角度，抛体运动还可以详细地划分为上抛、下抛、平抛和斜抛。在抛体运动中，初始动力的大小和投掷角度是影响运动结果最主要的两点因素。

讲了空气火箭的小知识，我们再来看看真正的火箭。看似复杂的火箭，原理其实非常简单。早在 17 世纪，牛顿就很清晰地进行了描述：如果以一定速度向后抛出一定质量，就会受到一个反作用力的推动，向前加速。简单的火箭甚至早在牛顿提出这一原理前几百年就在中国被发明出来，并得到了应用，包括军用的火药箭和节日庆典的烟花。

火箭向后抛出一定质量是靠火箭发动机来完成的。火箭发动机点火以后，推进剂（液体的或固体的燃料和氧化剂）在发动机燃烧室里燃烧，产生大量高压气体；高压气体从发动机喷管高速喷出，对火箭产生的反作用力使火箭沿气体喷射的反方向前进。固体推进剂是从底层向顶层或从内层向外层快速燃烧的，而液体推进剂是用高压气体对燃料与氧化剂贮箱增压，然后用涡轮泵将燃料与氧化剂进一步增压并输送进燃烧室的。推进剂的化学能在发动机内转化为燃气的动能，形成高速气流喷出，产生推力。

气球飞行器

作者：左超　张志坚

小朋友都玩儿过气球吧？当我们将充气的气球松开时，气球会怎样飞行呢？我们自己动手试一试后，会发现气球可能朝任何方向飞，而且它的飞行路线是不确定的。那我们有没有办法让气球朝固定向上的方向去飞呢？下面我们就一起来制作气球飞行器。

制作气球飞行器，你需要准备的材料为：气球、纸杯、打气筒、剪刀、直尺、铅笔。

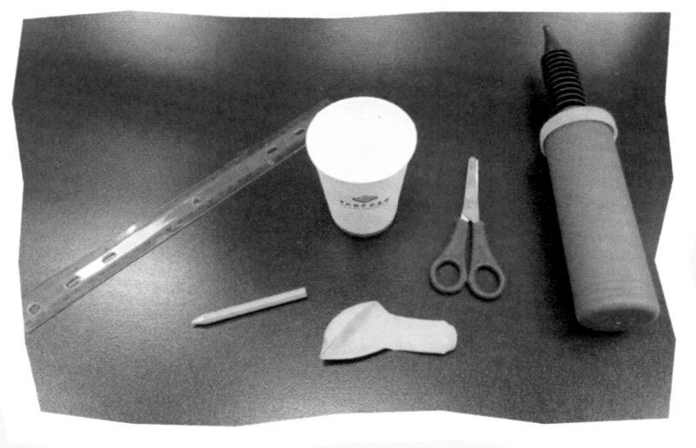

制作材料

准备一个纸杯。

用直尺和铅笔找出杯底的圆心，并且将其 8 等分，为将杯壁 16 等分做准备。

用剪刀正对 8 等分线及等分线中点将纸杯壁剪开，16 等分（经试验 16 等分后的飞行器飞行效果最佳）。

剪去杯壁的上半部分。

在杯底圆心处钻一个小孔。

6

将气球穿过小孔，给气球打气。

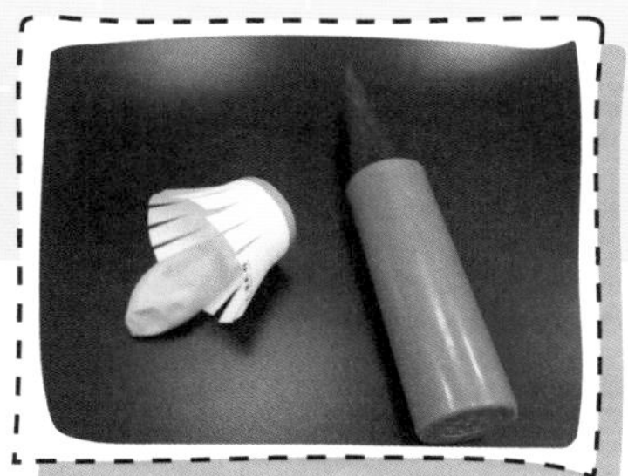

7

如果你觉得小的气球飞行器不过瘾，还可以用大纸杯和大气球制作更大的气球飞行器。

扫码观看演示视频

科学小课堂

气球飞行器为什么能够平稳地向上飞行呢？松开充气的气球后，气球飞行器会发生怎样的变化呢？

松开手后，气球内的空气排出，气球体积变小。这时候，气球皮压缩气球内的空气排出而气球内向下运动的空气又会产生反作用力，推动气球向上运动。如果没有纸杯，那么气球可能会由于气球皮弹性不均匀和气球口方向不稳定而到处乱飞。

我们将纸杯套在气球下方可以起到降低重心、平稳气流的作用，并能有效延长气体排出的时间，这样气球飞行器就可以飞得又高又稳啦。

如果你觉得气球飞行器不够美观，还可以拿起彩笔给纸杯涂上喜爱的颜色，当然还可以给它起个好听的名字。

马格努斯飞行器

作者：邵　航

纸飞机是大家喜欢玩儿的一种折纸玩具，它的样式也是各种各样的，发射前对着纸飞机头部哈一口气，然后比比谁的飞机飞得更远更平稳。今天，教大家做一种比纸飞机更酷的玩意，它叫马格努斯飞行器。听上去是不是很高大上？其实制作起来却很简单，快来一起学吧！

制作马格努斯飞行器，你需要准备的材料为：一次性纸杯（2个）、胶带和橡皮筋（4根）、剪刀。

制作材料

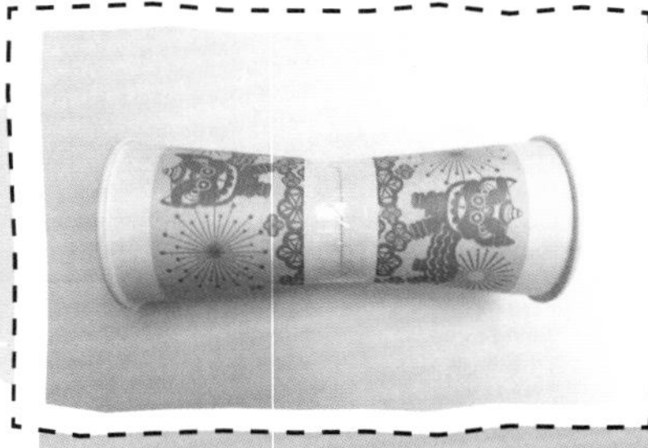

1

把2个纸杯的底部对齐，用胶带粘牢。

2

把4根橡皮筋如图这样连成一根。

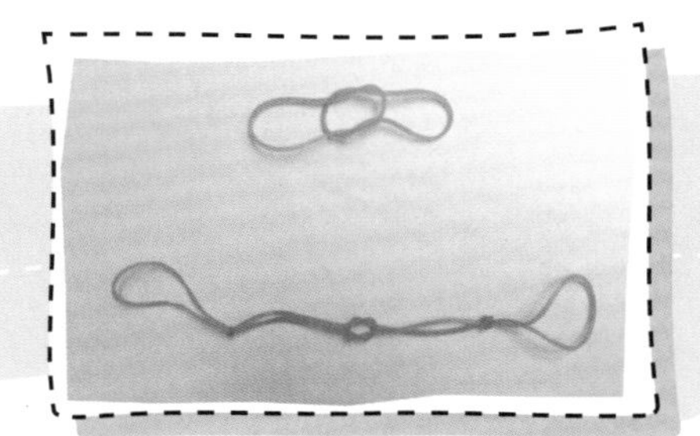

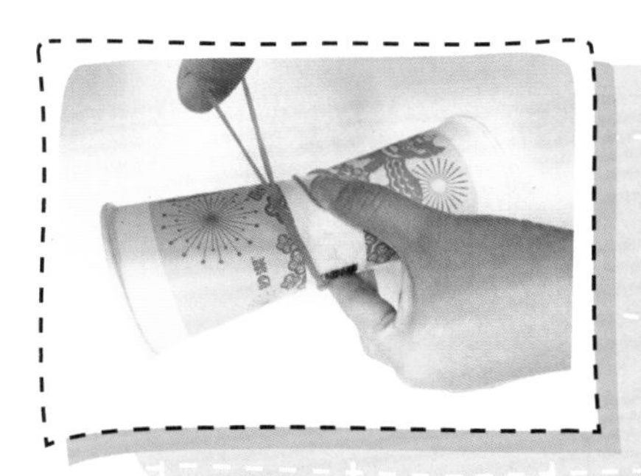

3

左手拇指按住橡皮筋的一端，把橡皮筋在2个杯子中间绕一圈。橡皮筋要逆时针绕过去，适度拉紧。

马格努斯飞行器制作完成了，请用图中的发射姿势让它飞出去吧！

扫码观看演示视频

科学小课堂

飞行器的制作简单易学，可这背后的原理并不简单。之所以叫“马格努斯飞行器”，是因为它利用了“马格努斯效应”。

什么是“马格努斯效应”呢？简单而言，高速旋转的物体在空中飞行时其轨道会弯曲的现象就可以称为马格努斯效应。

为什么被弹射出去的纸杯会发生马格努斯效应呢？在本实验中，由于纸杯事先被橡皮筋绕了一圈，因此当纸杯被橡皮筋弹出向前飞行时，纸杯自身在橡皮筋作用下也呈高速旋转的状态。

纸杯在高速旋转时可以带动周围空气运动，使得纸杯上侧的气流速度增加，纸杯下侧的气流速度减小。根据伯努利原理，流体速度增加将导致压强减小，流体速度减小将导致压强增加，这样就导致在飞行过程中，纸杯下方的压力比其上方的压力大，因此就会出现纸杯向上飞行的神奇现象了。

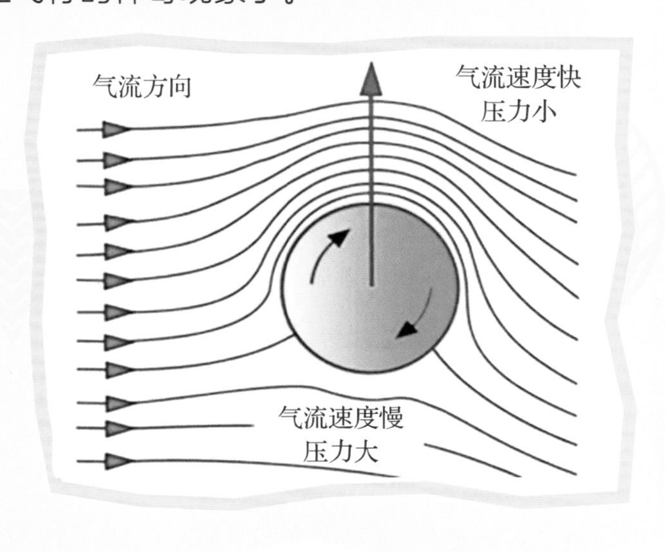

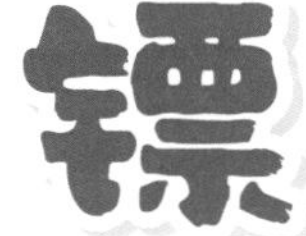

回旋飞镖

作者：杜心宁

相信大家对飞去来器（回旋飞镖）并不陌生，就是飞出去以后可以再飞回来的那种飞镖。今天教大家一种稳定、效果好的飞镖制作方法，下面我们就一起来做吧！

制作回旋飞镖，你需要准备的材料为：厚纸板、剪刀、笔、订书机、量角器。

制作材料

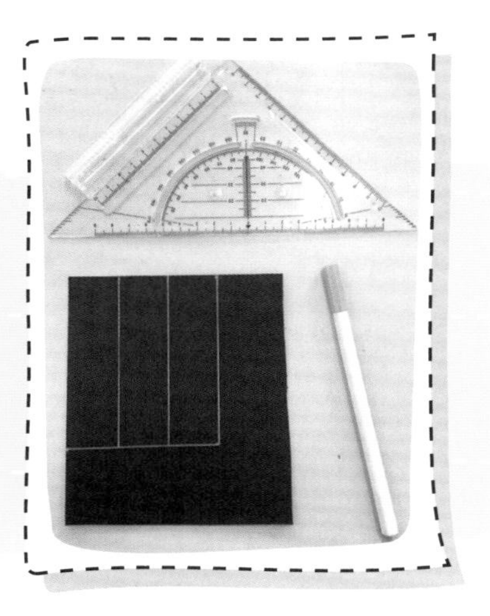

1

在厚纸板上画三个等大的长条形。

2

用剪刀把三个等大的长条形剪下来。

3

在每个长条下面画一个小三角并剪开。

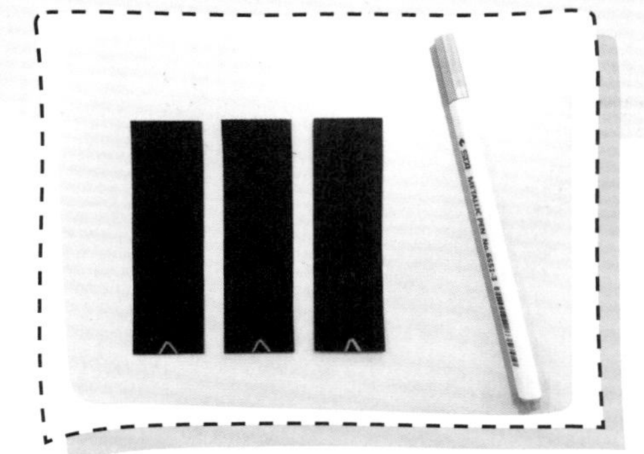

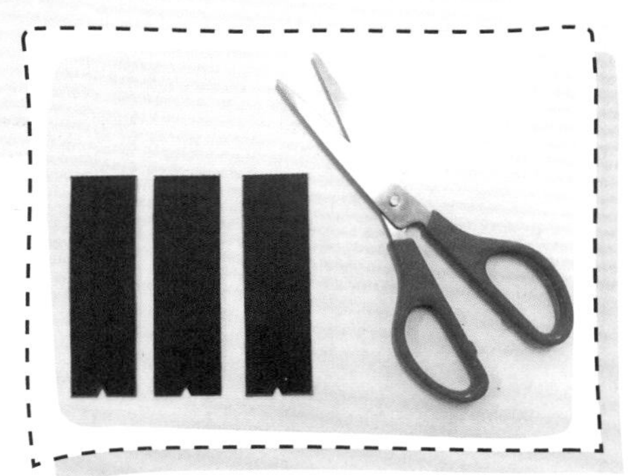

缺口和缺口相互叠加，形成三个叶片。

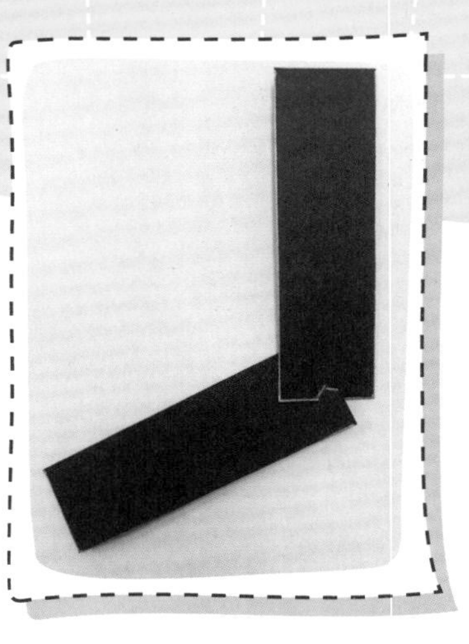

用尺子量好，尽量保证每个叶片间的夹角是120度。

将叶片中间用订书机订起来固定住。

将每一个叶片按虚线位置（1/3处）向后折，折成一定弧度，之后再把中间向上折一下。

8

调节一下角度，注意放飞的时候，向上翘的一面要向里。

扫码观看演示视频

科学小课堂

我们所做的回旋飞镖的叶片经过了弯折，和飞机的机翼类似，伯努利原理告诉我们，流速快压强小，所以我们要将飞镖凹的一面向里飞出去，当飞镖飞出去时，每个叶片都会受到如下图所示向上的升力，当我们把回旋飞镖竖直扔出去时，它的叶片受到的力会是侧向的。

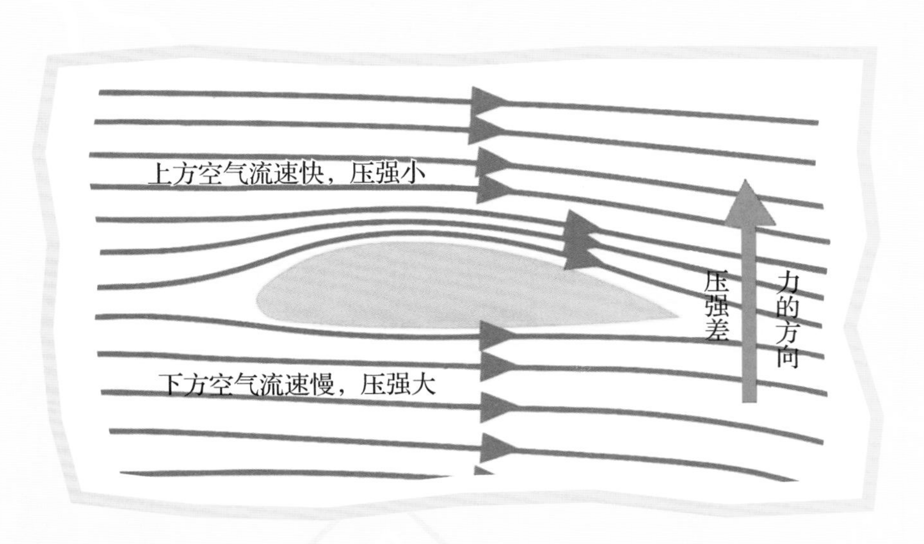

再有，回旋飞镖飞出时在快速旋转，叶片在空中相对于空气的速度不同（上方的叶片速度比下方的快），所以上方叶片受到的向内侧的力更大。叶片受到的力大小不等，就形成了力矩，而且回旋飞镖本身自转也会形成一个自转角动量。因此，回旋飞镖会在往前飞的同时再做一个旋转，边飞边转，最后绕一圈回来。

不一样的“风火轮”

作者：曲晓亮

提到“风火轮”，你脑海中是不是会立刻闪现出哪吒闹海的画面？

今天我们要来制作一个不一样的“风火轮”，快来一起学习吧！

制作“风火轮”，你需要准备的材料为：剪刀、双面胶、纸张、笔、尺子、圆规。

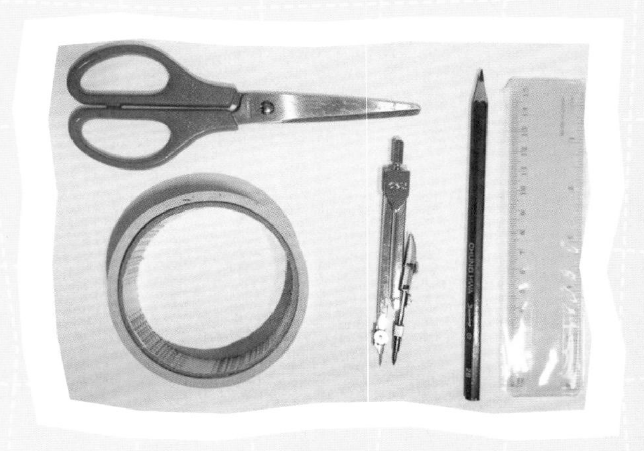

制作材料

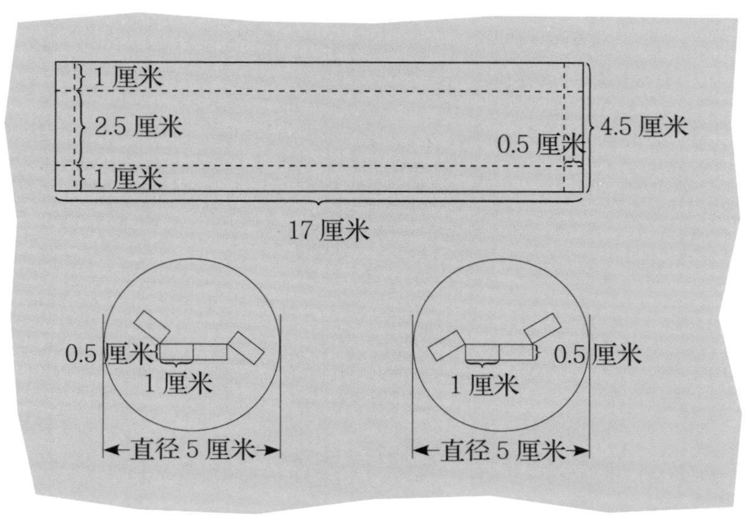

请按照上图利用圆规和直尺绘制风火轮底图，其中长方形：长 17 厘米 × 宽 4.5 厘米；圆形：直径约 5 厘米。其他细节尺寸详见上图标注。

现在要考考大家的眼力了！请问图中的两个圆形图案一样吗？

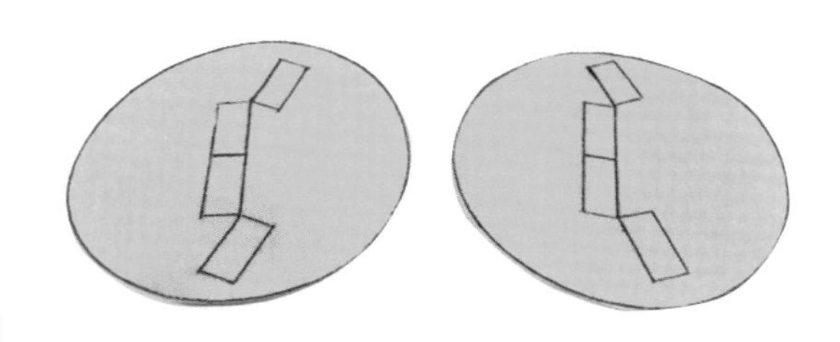

答案是：不一样！

图中的两个圆形图案是“对镜贴花黄”的镜面图像！你看出来了吗？

2

用剪刀将长方形短边中的短实线剪开。

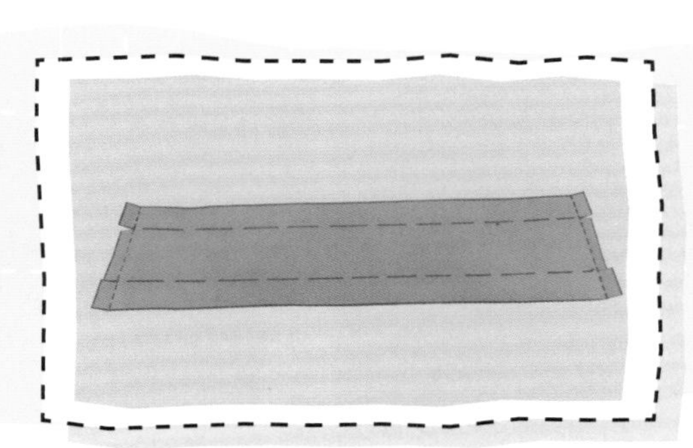

3

分别沿长短边虚线进行弯折。沿长边虚线弯折，两长边虚线弯折方向相反；沿短边虚线弯折，两短边的虚线弯折方向相反。

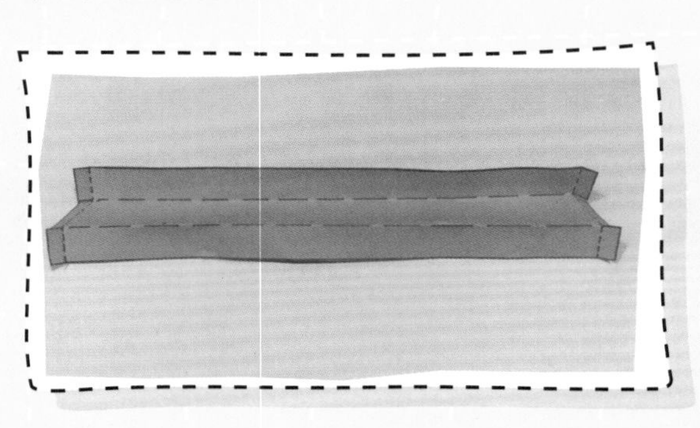

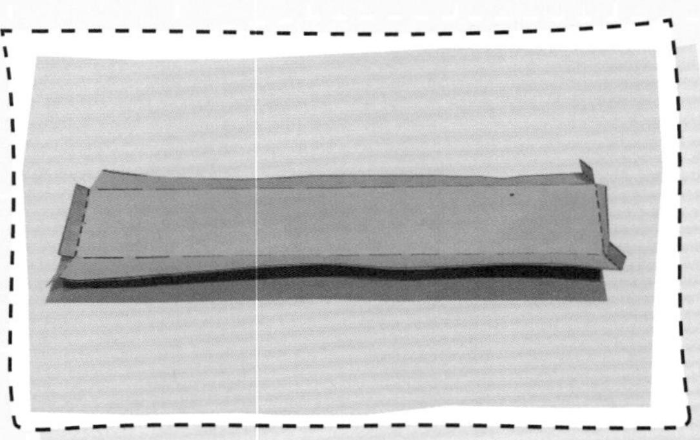

将双面胶整齐贴在圆形图案的小方框内。

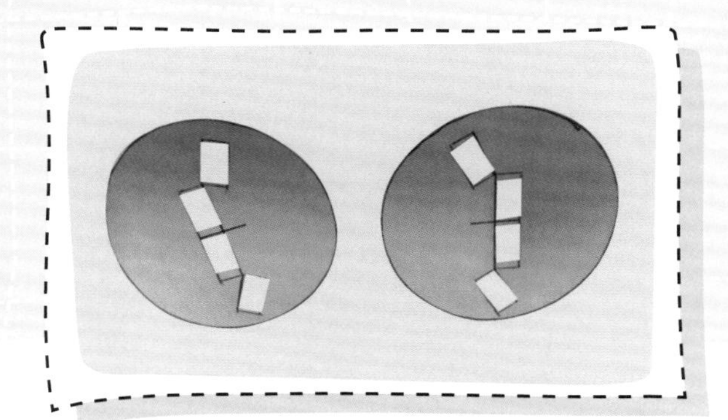

将弯折好的长方形图案与圆形图案对接。

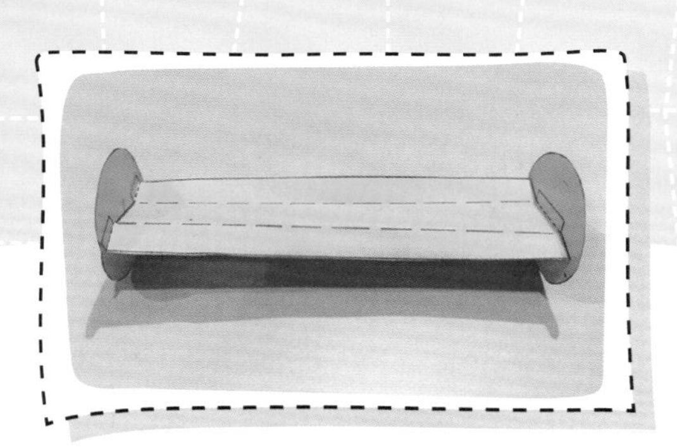

用手指轻轻捏住风火轮的长边，释放风火轮，之后用一块纸板紧紧地跟在旋转的风火轮的下方，用推板产生上升气流，不断调整产生气流的大小和方向，从而控制风火轮飞行！

科学小课堂

为什么薄纸做的风火轮能飞起来呢？这就用到流体力学中的伯努利原理了。

什么是伯努利原理呢？伯努利原理是指在一个流体（如水流或气流）系统中，流体的流速越快，压强就越小；流速越慢，压强就越大。它是由瑞士物理学家、数学家、医学家丹尼尔·伯努利提出的。

接下来，我们用一个简单的小实验让大家更清楚、直观地了解伯努利原理。

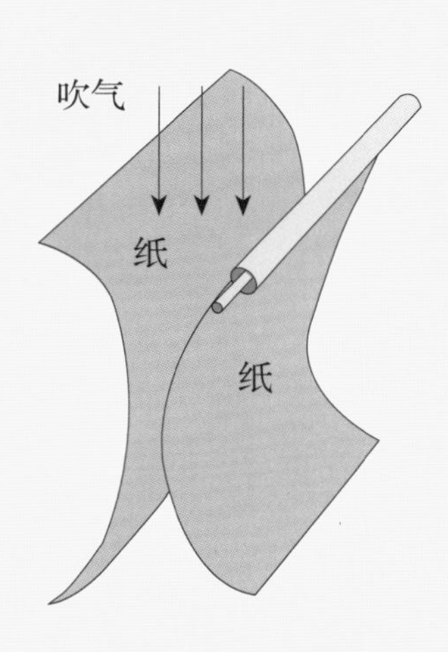

用手拿起两张 A4 纸，放在面前，往两张纸中间吹气，这时我们发现，这两张纸非但没有被吹开，反而吸在了一起。这是因为，当我们往两张纸中间吹气时，两张纸中间的空气被我们吹得流动的速度快了，根据伯努利原理，空气的流速快，压强就小，而两张纸外面的空气没有流动，空气流速慢，压强就大。如此一来，内外的压力差就使两张纸吸在了一起。

了解了伯努利原理之后，再来看我们制作的风火轮。当我们放飞风火轮之后，我们会看到，风火轮在翻滚着前进。当它翻滚时，不断带动翻滚片周围的空气发生旋转运动，根据伯努利原理，翻滚片上方的空气流动速度快，压强小，下方的空气流动速度慢，压强大，形成上下压力差，从而产生一个升力，这就是风火轮飞行的奥秘所在。

其实，伯努利原理的应用非常广泛。我们的陆海空三种交通工具，都利用了伯努利原理。

我们都喜欢流线型设计的汽车，这种外形，正是根据伯努利原理精心设计的。汽车在行驶时，汽车顶部（上表面）的空气流速大于底部（下表面）的空气流速，因此汽车上方的压强小于下方的压强，产生了一个上下的压力差。如此一来，汽车对地面的压力减小，摩擦力也减小，汽车就能跑得更快了。

帆船是一项古老而经典的水上运动项目，它的“燃料”是风，“发动机”就是帆。船帆是弧形的，船帆两侧的形状不同，根据伯努利原理，空气流动速度越快，压力越小；空气流动速度越慢，压力越大。当气流通过船帆的时候，船帆上弧形面一侧的空气流速快，压力小，而平面一侧的空气流速慢，压力大，这样就会形成一个压力差，推动帆船前进。

飞机能够飞上天是因为机翼升力。飞机的机翼呈流线型，即机翼横截面的形状上下不对称，飞机起飞时，机翼上方的压力小，下方的压力大，产生了一个上下的压力差，正是这个压力差将飞机托举起来，也就是我们所说的向上的机翼升力。

除了这些，我们生活中常见的喷雾器、汽油发动机的化油器、足球比赛中的“香蕉球”、乒乓球比赛中的“上旋球”等，都是合理利用了伯努利原理的例子。

“水能载舟亦能覆舟”，伯努利原理也是一样，利用好它，就能给我们的生活带来便利，但如果我们疏忽大意的话，它也会给我们带来麻烦甚至是灾难。历史上曾经发生过“豪克号”撞击“奥林匹克号”的海难事故，就是典型的例子。

我们在乘坐火车、地铁或公交时，都会看到站台上有一条安全线，工作人员会提示乘客站在安全线以内，以免发生危险。当火车、地铁或公交车进站的时候，速度较快，靠近车厢一侧的空气随之被带动而快速流动起来，压强小，而站台上乘客背后的空气是没有流动的，压强大，此时如果乘客距离车体太近的话，乘客身体前后产生的压力差就会把乘客推向车体一方，从而造成伤害。

神奇的皮带传动

作者：叶肖娜

冬天到了，天气越来越寒冷，大家虽然热爱运动，但也不愿意去户外运动了，怎么办呢？这时候跑步机就派上了大用场，在跑步机上跑步，既可以享受室内的温暖又可以达到锻炼身体的目的，真是太棒了！那么大家知道，跑步机上的跑步带为什么能够转动起来吗？实际上，这与一种机械传动——“皮带传动”密切相关。

其实，早在公元前1世纪，“皮带传动”装置便出现在了中国，在早期的纺织机和卷线机上都有所应用。目前，在农业、工业等领域也有广泛应用。“皮带传动”是如何工作的呢？今天，就让我们动手制作一个皮带输送装置，一起来探索它的传动特点吧！

要了解皮带传动，你需要准备的材料为：纸盒（两端开口）、铅笔、直尺、剪刀、锥子、橡皮筋、不同直径的皮带轮（2大、2中、1小）、双面胶、曲别针（5个）、彩笔若干、卡纸。

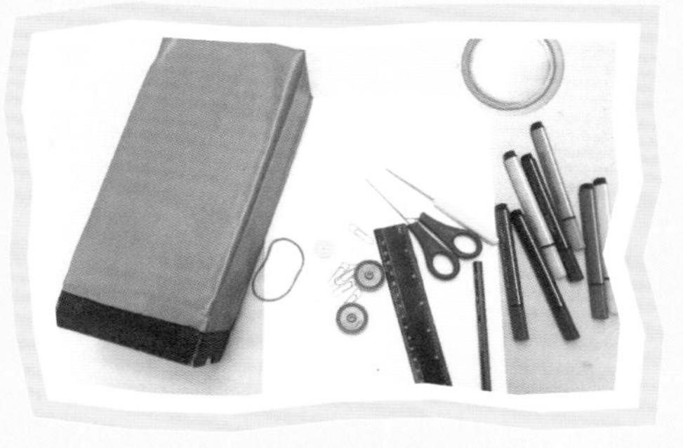

实验材料

请家长帮忙在纸盒的正上方按照图示用锥子打孔。

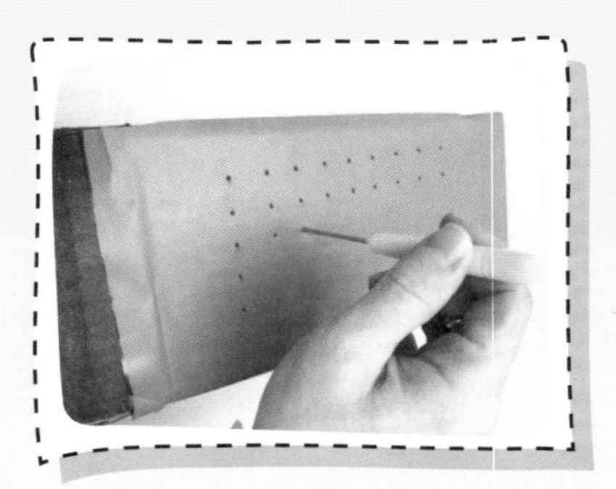

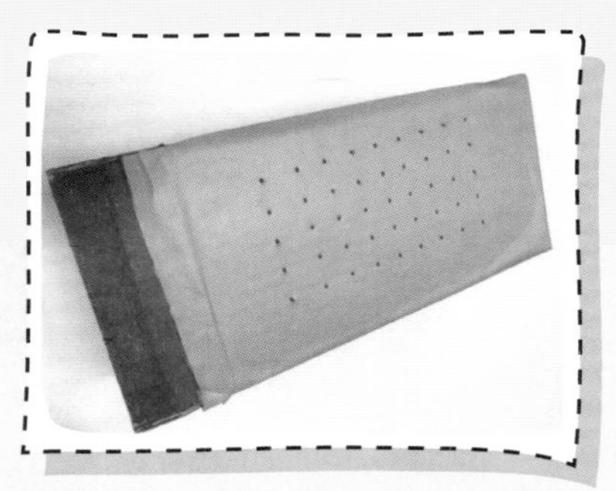

2

根据皮带轮大小，在卡纸上绘制5个箭头标志，用彩笔上色，并把它们剪下来。

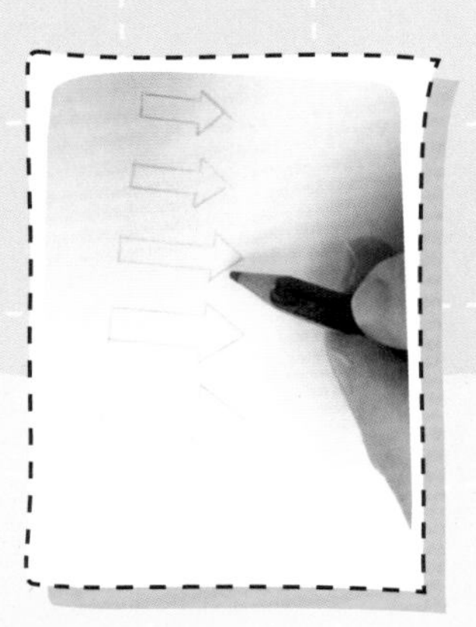

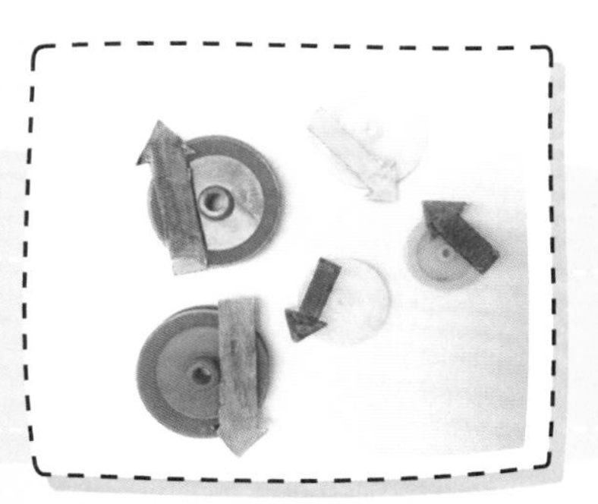

把箭头标志分别用双面胶贴在各皮带轮上。

用曲别针作为轴把其中2个同直径皮带轮（大）分别固定在纸盒的2个孔中，使每个皮带轮都能灵活转动。

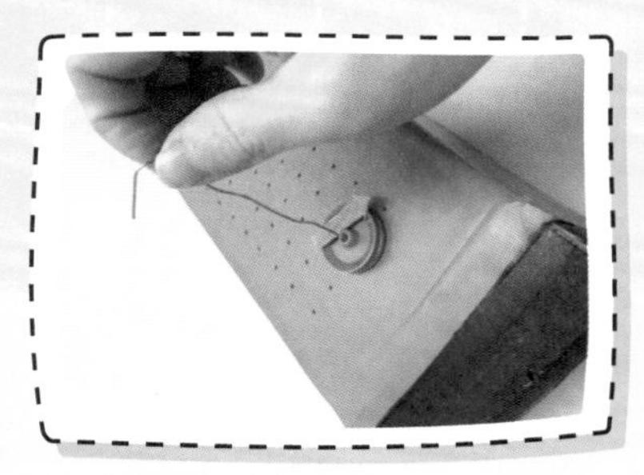

把橡皮筋绕在两个皮带轮上，保持两个箭头方向一致，橡皮筋处于拉紧状态。用手转动其中一个皮带轮，两个标志就跟着旋转起来。通过操作我们发现，两个箭头旋转的方向是相同的，转动的速度也基本一致。

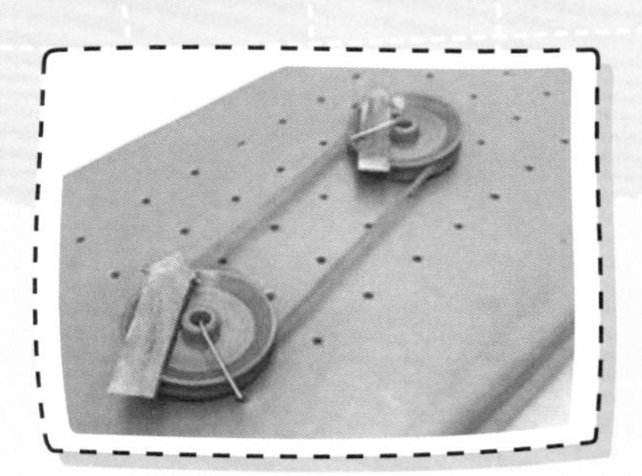

在把橡皮筋绕在第二个皮带轮上之前，先把皮带扭转一圈，重复刚才的操作。我们发现两个箭头旋转的方向是相反的，但转动的速度基本一致。

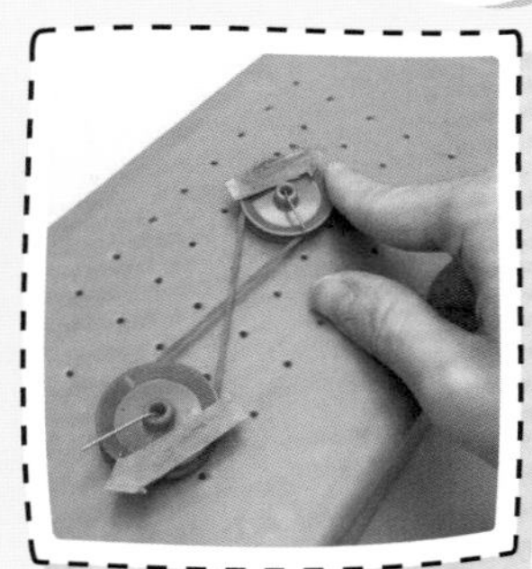

把其中一个轮换成直径最小的皮带轮，用手转动大轮。我们发现，小轮箭头的旋转速度要比大轮箭头的旋转速度快。

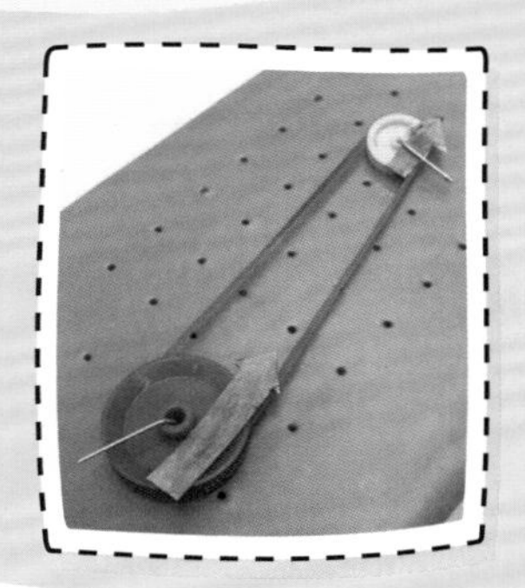

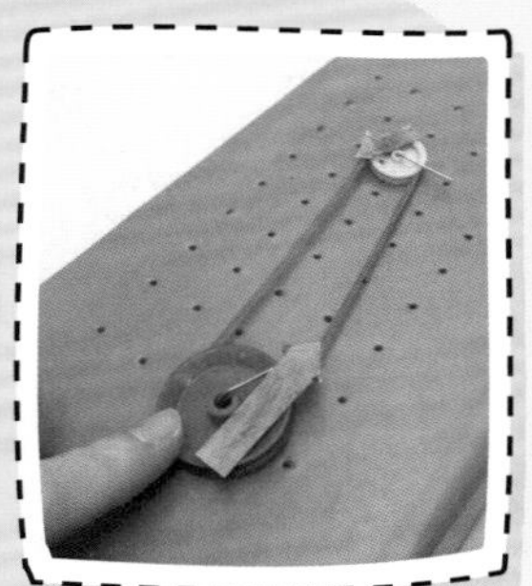

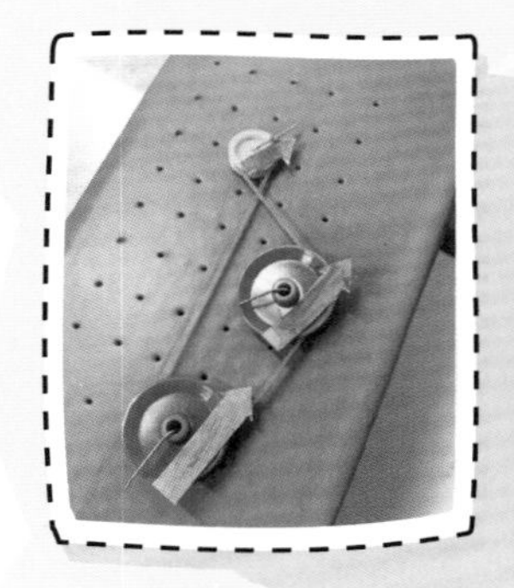

把皮带轮（大）、皮带轮（中）和皮带轮（小）随意组合，观察箭头转动方向和转动速度，做好记录。

温馨提示

因锥子、剪刀等工具尖锐具有危险性，应在家长或老师的辅助和指导下进行操作，以免发生危险。

科学小课堂

皮带传动是通过皮带将动力从主动轮传递到从动轮上的一种传动方式。在这个实验中，橡皮筋就是皮带，皮带之所以能够传递动力，是由于张紧原因，在皮带与带轮的接触部分产生了张紧力。当主动轮运转时，依靠摩擦力作用带动皮带，而皮带带动从动轮运转，这样就把主动轮的动力传给了从动轮。

皮带传动不仅能传递动力，还能够改变从动轮的方向。我们发现当皮带扭转一圈后绕在皮带轮上，旋转主动轮时，从动轮的旋转方向与主动轮的旋转方向相反。

皮带传动不仅能传递动力，还可以改变转动速度的快慢。主动轮比从动轮的直径大，则从动轮的旋转速度比主动轮的旋转速度快。

皮带传动按带截面的形状，可分为平带传动、V 带传动，特殊带（圆带、多楔带、同步带）传动等。

平带传动

适应主动轮与从动轮不同相对位置和不同旋转方向的需要。平带传动结构简单，但容易打滑。常见的有压面机、碾米机、抽水机、流水线输送带。

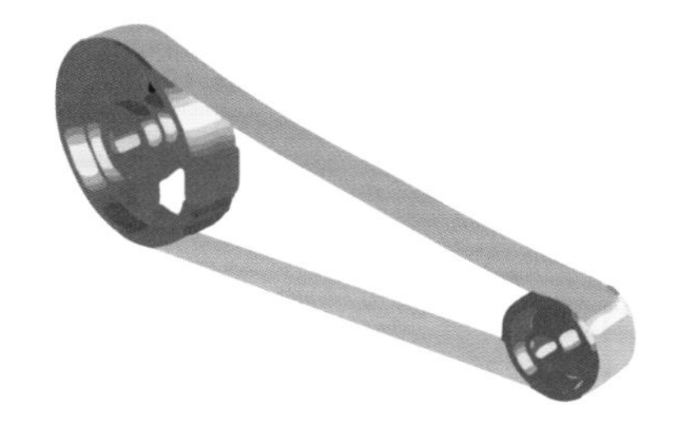

平带传动

V带传动

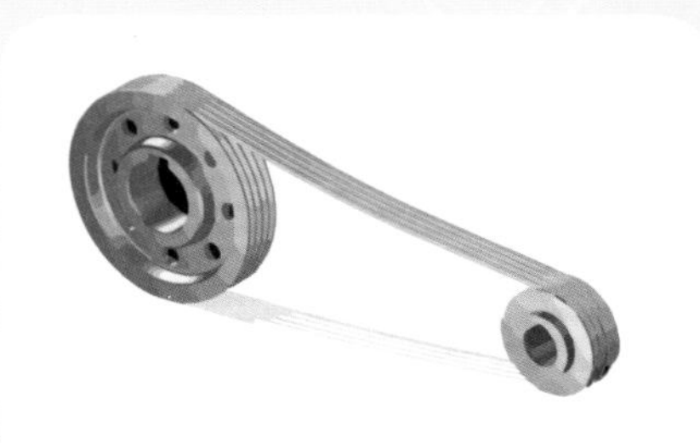

V带传动

带放在带轮上相应的型槽内，是靠V带的两侧面与轮槽侧面压紧产生摩擦力进行动力传递的。与平带传动比较，V带传动的摩擦力大，因此不易打滑，传动较平稳，在垂直和倾斜的传动中也能较好地工作，是带传动中应用最广的一种传动。比如电梯、车床、钻床、磨床的一级传动，还有汽车发动机正时系统传动和发电机等附属件传动等。

特殊带（圆带）传动

特殊带（圆带）传动

具有结构简单，制造方便，抗拉强度高，耐磨损、耐腐蚀，易于安装的特点，传动带紧套在两带轮上，使带与带轮接触面之间产生压力，当主动轮回转时，带与主动轮接触面之间产生摩擦力使带运动，同时带又靠与从动轮接触面间的摩擦力，驱使从动轮回转，从而传递运动和动力。主要用在低速小功率传动，如缝纫机、放映机、磁带盘等小动力或手动的机械上。

螺旋桨小船

作者：王　赫

冬天，冰冷的池水、结冰的湖面让许多喜欢玩水的朋友望而却步。不过没关系，我们今天来做一个有趣的小制作——螺旋桨小船，让你足不出户，在家里就能尽情地玩水啦！

制作螺旋桨小船，你需要准备的材料为：矿泉水瓶、剪刀、透明胶带、双面胶、一次性塑料勺2个、橡皮泥、牙签2根、橡皮筋2根、胶水、细铜丝、红色彩纸、尾部未拆开的一次性筷子2双。

制作材料

1

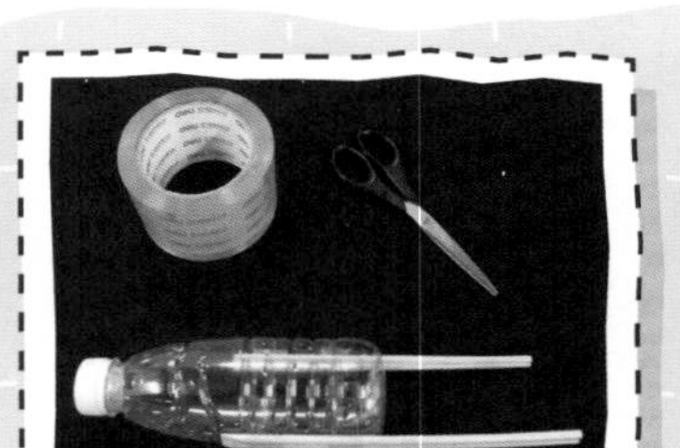

将2双筷子尾部端用胶带固定在矿泉水瓶两侧，然后调整位置，使这两双筷子对称分布在矿泉水瓶两侧。

2

用胶带缠绕筷子和瓶身，使筷子牢牢地贴在瓶身不会晃动。

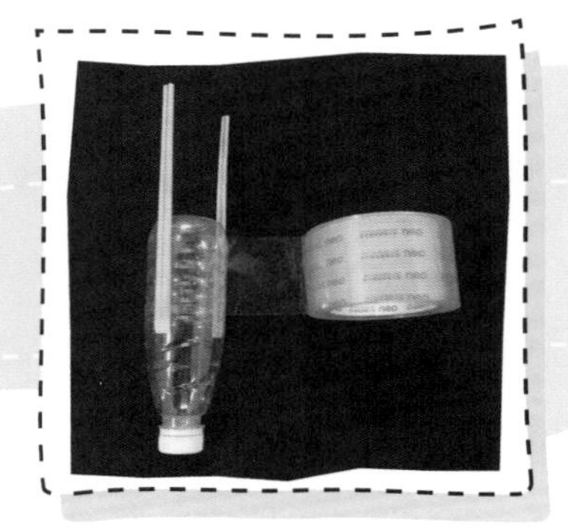

将2根牙签套上2根橡皮筋。

4

将牙签和橡皮筋如图所示插入两双筷子缝隙中，放置在筷子伸出矿泉水瓶外的部分的尾处。

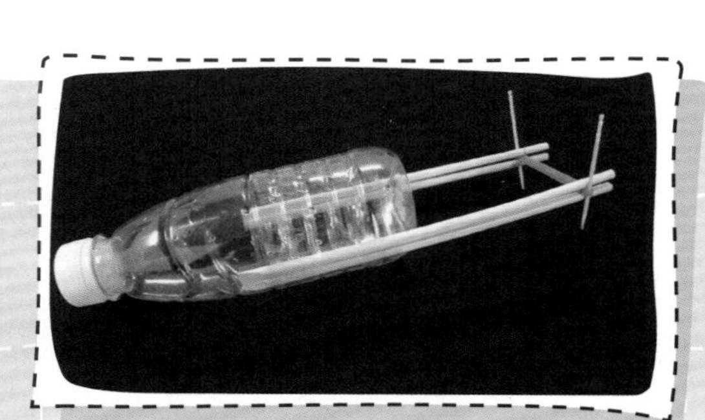

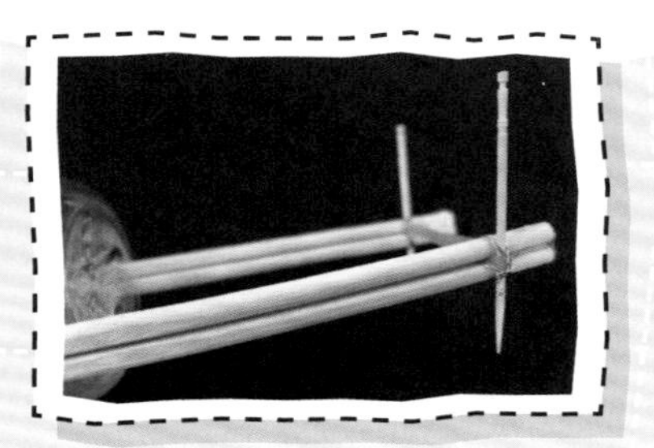

用细铜丝将牙签、筷子、橡皮筋的连接处缠绕固定结实，并在其旁边用胶带缠绕筷子，防止脱落。

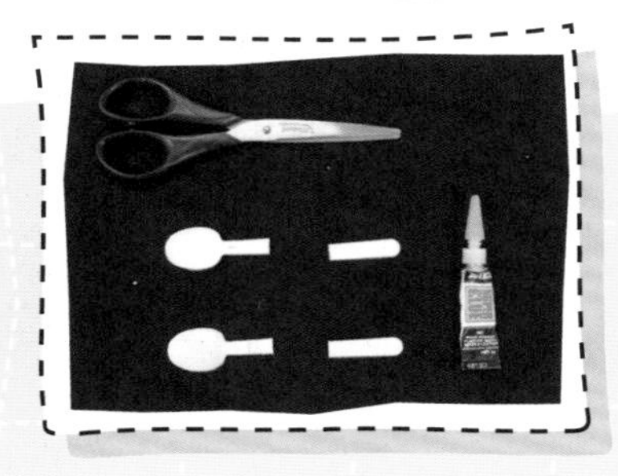

将2个小勺剪断勺柄，准备好胶水。

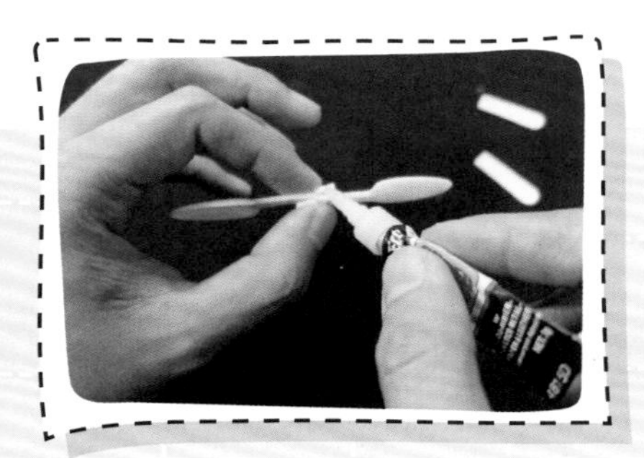

将2个勺子头部反向相接，用胶水粘牢。

8

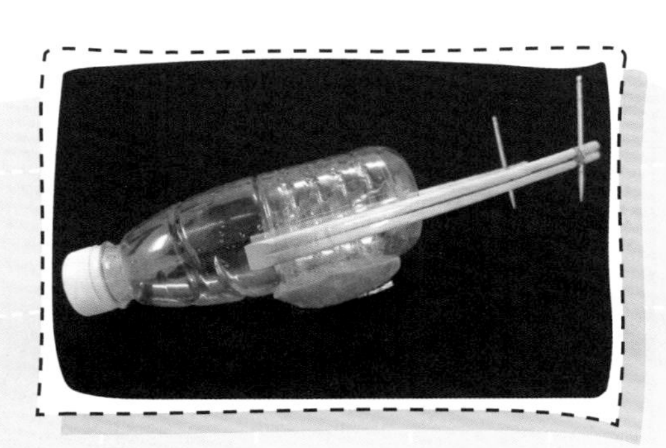

把橡皮泥捏成块状固定在船的底部。（此步是为了保证船体在水中的平衡。）

将拼接后的小勺嵌入皮筋中，这样小船的动力系统就完成啦！在牙签的顶部可以用彩纸制作两面小旗装饰。

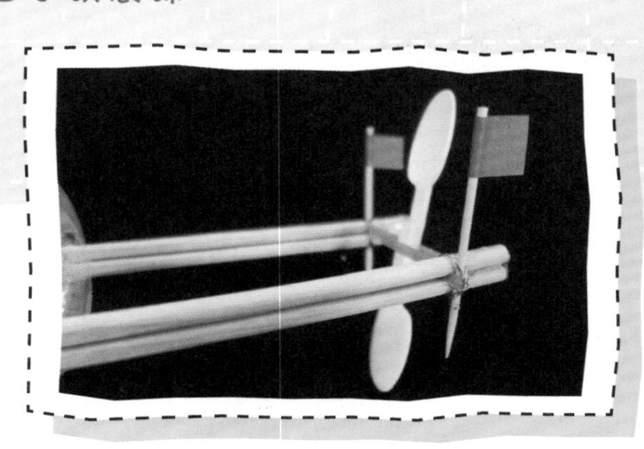

大家可以带着自己动手做的小船来比赛，旋转螺旋桨，将小船放入水中，看看谁的小船跑得快、跑得远！

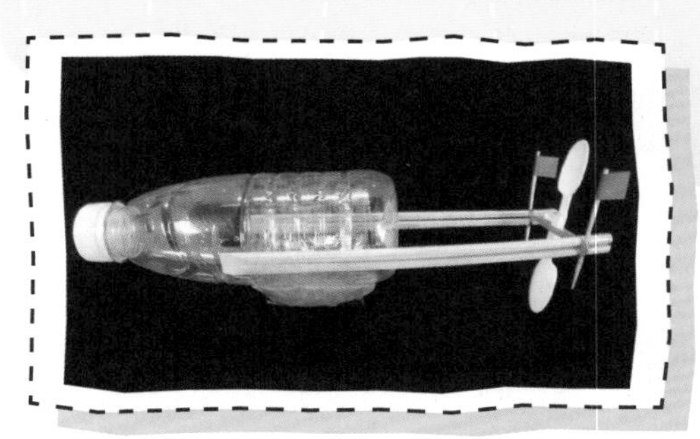

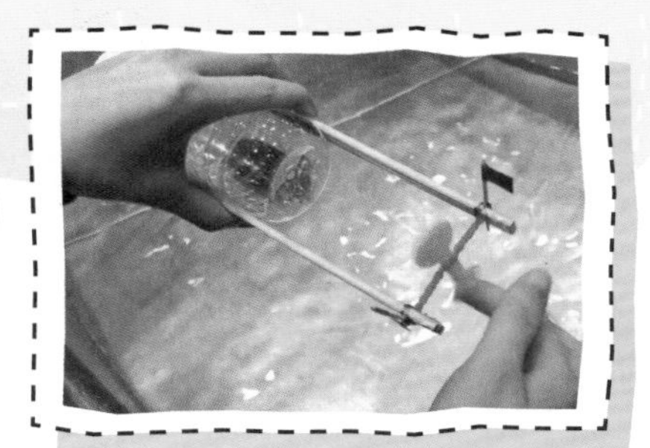

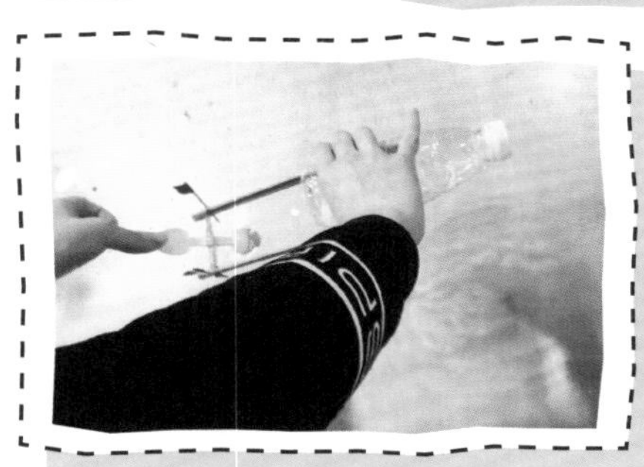

科学小课堂

顺时针旋转螺旋桨时，橡皮筋产生形变，具有了弹性势能。松手后，橡皮筋恢复原状态的过程中弹性势能转化成了螺旋桨的机械能，螺旋桨逆时针旋转起来！螺旋桨在水中的旋转，对水产生了一个向后的力，这时整个船身受到水的反作用力就会向前行驶啦！

反冲力小车

作者：高梦玮

你们看过迪士尼的经典动画片《赛车总动员》吗？里面各种酷炫的赛车和惊险刺激的旅程让人羡慕不已。你想不想也拥有一辆赛车呢？ 别着急，下面就带你用非常简单的材料做一辆反冲力小车，与你的小伙伴们来一场赛车总动员，比比谁的赛车跑得更快！

制作反冲力小车，你需要准备的材料为：吸管3根、气球、5.5厘米×7厘米大小的泡沫板（下图蓝色）、约A4纸大小的硬纸板（下图灰色）、双面胶、剪刀、直尺、竹签2根、矿泉水瓶盖4个。

制作材料

1

将硬纸板和泡沫板按照如下尺寸和形状进行剪裁：硬纸板用来做小车的车身，4个方形泡沫板用来连接车轮和车轴，2个方形泡沫板用来固定吸管，1个圆形泡沫板用来连接吸管和气球。

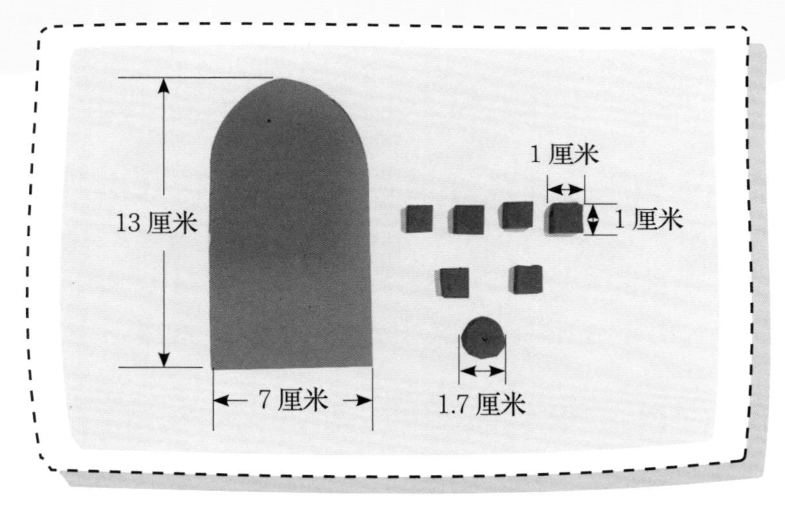

用竹签在4个方形泡沫板的中心位置戳一个洞，使竹签能够穿过；用剪刀在圆形泡沫板的中心掏一个小洞，使吸管刚好能够穿过。

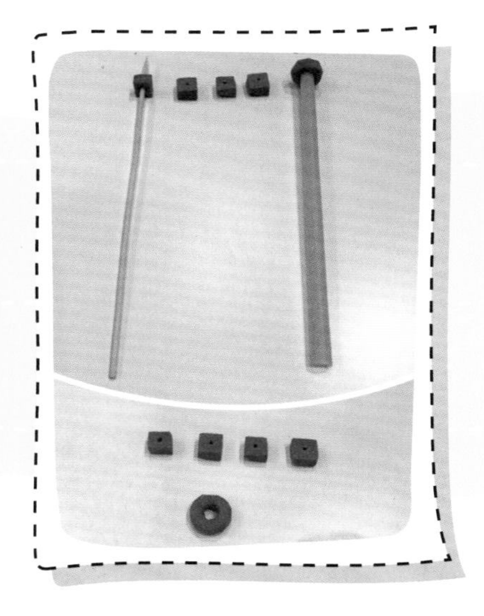

3

将竹签长度剪成10厘米，吸管长度剪成9厘米（可适当调整长度，使其略大于硬纸板1厘米的宽度，与车身宽度相匹配）。

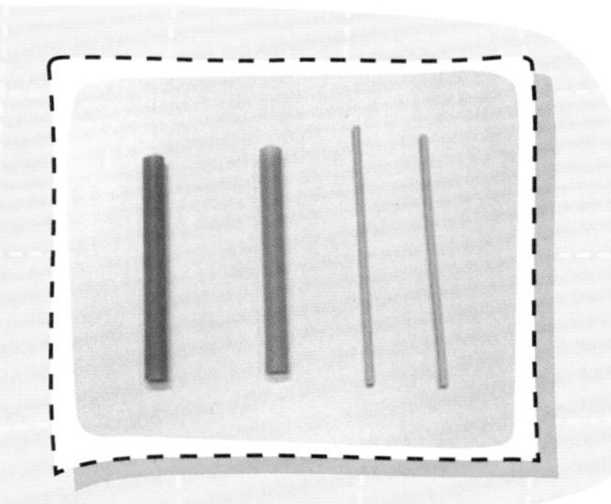

4

用双面胶将4个方形泡沫板粘在矿泉水瓶盖的内侧，注意粘的时候尽量使泡沫方块上的小洞对准瓶盖的中心，不然小车跑起来很可能上下颠簸。4个轮子都按照这个方法制作，完成后套在竹签的一端，调整一下方向。

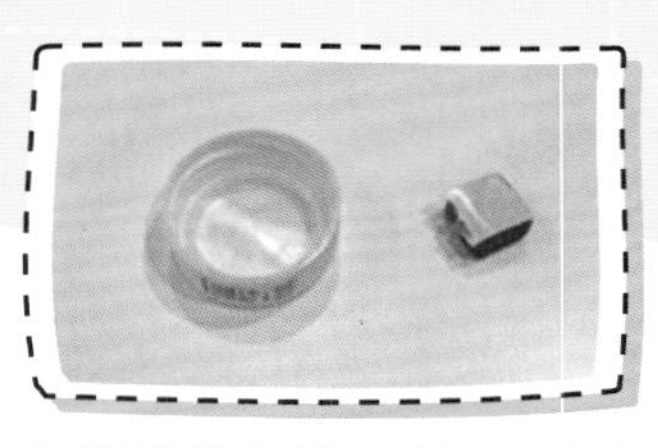

扫码观看演示视频

用双面胶将2根吸管粘在车身上，注意粘的时候尽量使2根吸管保持平行，不然小车很有可能跑偏。

将竹签套在吸管内，并在竹签两端安装瓶盖作为轮子。

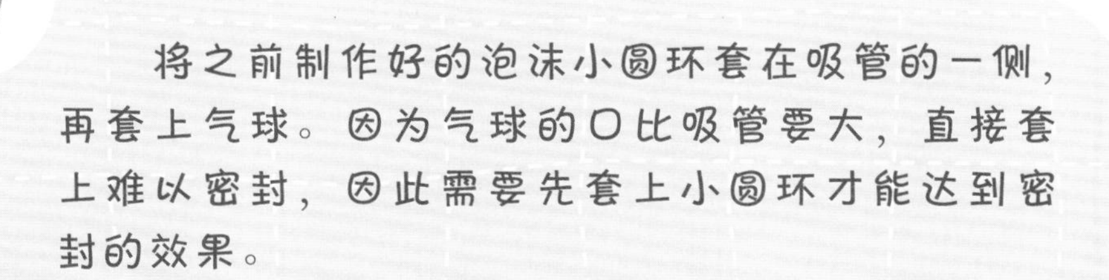

将之前制作好的泡沫小圆环套在吸管的一侧，再套上气球。因为气球的口比吸管要大，直接套上难以密封，因此需要先套上小圆环才能达到密封的效果。

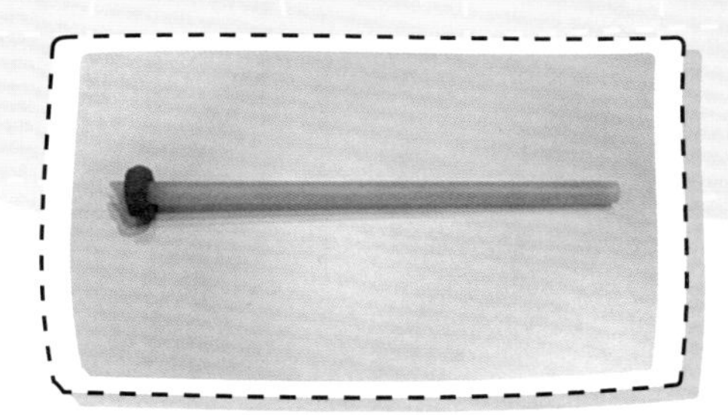

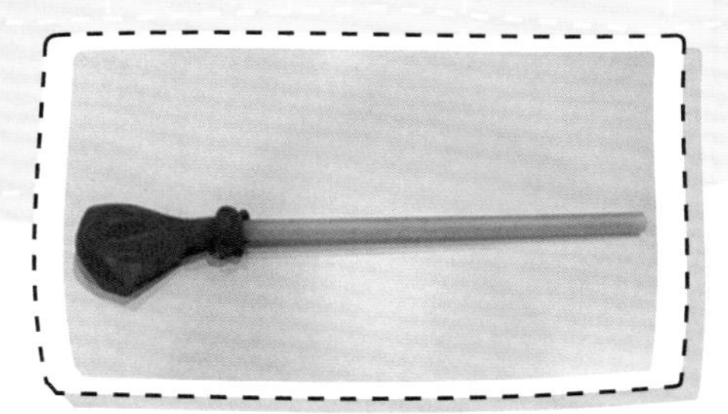

将剩余的2个方形泡沫板粘在小车前方，相距1厘米左右（刚好能使吸管在中间穿过，这样可以固定吸管的位置），在小车后方中部粘上一条双面胶。

9

将吸管和气球粘在双面胶上，并穿过2个方形泡沫板。通过吸管将气球吹满气，然后松开，小车“嗖”地一下就跑出去了！

科学小课堂

为什么气球可以驱动小车前进呢?

这是因为气球里的气体喷出时，会产生一个和气体喷出方向相反的推力，这个力叫反冲力。气球小车就是被反冲力推动的。

其实，反冲力在生活中也有许多的应用。我国早在宋代就已发明了爆竹，其中有一种叫“起花”，当火药急剧燃烧，生成的气体以很大速度从起花筒下端喷出时，起花筒本身就向上升起。现代火箭的飞行原理与此相似，也是利用了高速喷出的气体的反冲作用来使火箭获得巨大的速度。如果喷出的不是气体而是液体，同样可以产生反冲作用，如水力反冲机的叶轮就是利用水流的反冲作用而转动的。

酒精发动机

作者：高 闯 张 磊

酒精是我们生活中很常见的一种物质，用途也很广泛。我们今天就用酒精做一个实验，震撼的实验效果会让你感受到酒精不为人知的一面。

完成这个实验，你需要准备的材料为：塑料桶（纯净水桶即可，没有的话可用稍小的桶代替）、酒精（75% 或以上浓度）、火柴。

实验材料

1

将塑料桶的封口位置拆掉，使开口完全裸露，后将少许酒精倒入塑料桶中。

将塑料桶横置，不断旋转，并同时倾斜塑料桶，使酒精可以均匀流淌在塑料桶的内壁上，以便附着其上。

将多余的酒精倒出，然后将塑料桶置于桌面上，请确保桶上方空旷无物。

4

将火柴点燃，然后将火焰移向塑料瓶口（注意手不要放到瓶口上方），火焰放到瓶口的一刹那，震撼的实验现象发生了。

温馨提示

本实验应在家长的帮助下完成。

科学小课堂

酒精不仅可以用来消毒，它还是很好的燃料，具有良好的燃烧特性，可以作为燃油的增氧剂，使汽油增加内氧，充分燃烧，达到节能和环保的目的。本实验即利用了酒精的燃烧特性，产生了火箭发动机一般震撼的效果。

可能有人在实验过程中，看到的火焰现象不明显。这是因为酒精燃烧的颜色呈蓝色，如果你使用的是浅蓝色的塑料桶，就不容易看到火焰了。有没有办法呢？当然有了，去厨房取少量食用盐，放进桶里，再依照上述步骤试一试，你会看到如图所示的黄色火焰喷薄而出。这是因为，食盐中的钠元素会使灼烧的火焰呈现黄色，这样就巧妙地解决了实验现象不明显的问题。

单极电动机

作者：李志忠

你们知道能驱动玩具车跑起来的最关键的部件是什么吗？它就是电动机。1821年，法拉第制作出人类历史上的第一台电动机，从此之后它就成为人类生活中必不可少的装置了。下面就让我们用简单的材料，来制作一台电动机吧！

制作单级电动机，你需要准备的材料为：漆包线一卷（30厘米）、圆形磁铁、5号电池、砂纸、镊子。

制作材料

将漆包线裁出适合的长度（15厘米左右），并用砂纸将漆包线两端打磨，去掉绝缘漆。

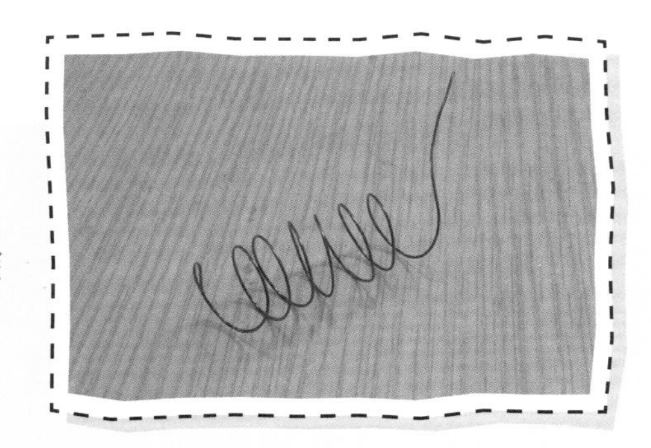

用镊子折弯漆包线两端。

将漆包线缠绕在5号电池上（不要缠绕得太紧）。

在5号电池负极装上磁铁。调整漆包线线圈，调试位置，观察线圈是否转动。

科学小课堂

线圈通过磁铁与电池的正负极连接后，就形成了一个闭合回路。在电流通过线圈的同时，会产生一个感应磁场，这个感应磁场与电池下面的磁铁产生交互作用，磁力推动线圈转动，就形成一个简易的单极电动机。

电动机是一种将电能转化为动能的机器，是我们现代社会中使用非常广泛的动力装置。电动机的起源要追溯到 1820 年 4 月奥斯特发现电流的磁效应。奥斯特一直坚信电和磁之间一定有某种关系，他在长期探索电磁的过程中，发现了电流对磁针的作用。随后，著名的物理学家法拉第从奥斯特的电流磁效应中得到启发，他推测假如磁铁固定，线圈就可能会运动。根据这个设想，他成功地发明了一种简单的装置。在装置内，只要有电流通过金属线圈，线圈就会绕着一块磁铁不停地转动，这就是人类历史上所有电动机的鼻祖。随着技术的进步，人们不断改进电动机，电动机的应用范围越来越广，成为人类生活离不开的装置。

电动汽车的“心脏”

作者：韩 迪 康 伟

备受市场推崇的电动汽车和普及率相当高的传统汽车有着怎样的区别？传统汽车和电动汽车的“心脏”——动力装置是截然不同的。传统汽车的“心脏”是内燃机，而电动汽车的“心脏”是电动机。下面我们一起来制作一套简易的电动机雏形吧！

制作简易的电动机，你需要准备的材料为：三角尺（也可用直尺代替）、签字笔、剪刀、裁纸刀、透明胶条、万能胶、5号电池3节、导线若干、铜线若干、漆包线若干、泡沫板（24厘米×8厘米）、圆形磁铁（直径2厘米）。

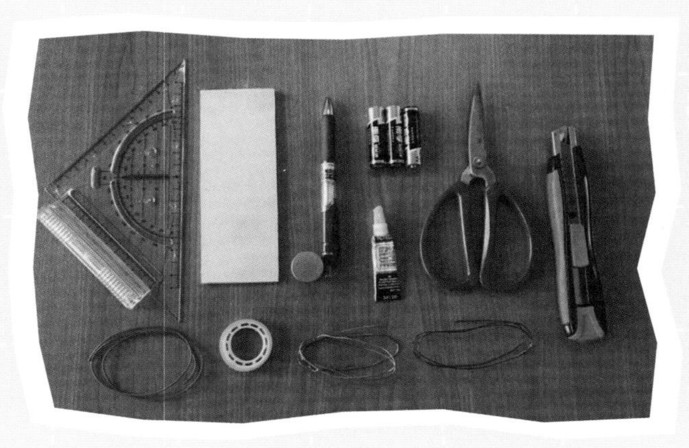

制作材料

1

用签字笔在泡沫板上画线，每条线间距为1厘米；用裁纸刀将泡沫板割下来，变成2个长条(长10厘米），2个短条（长6厘米）。

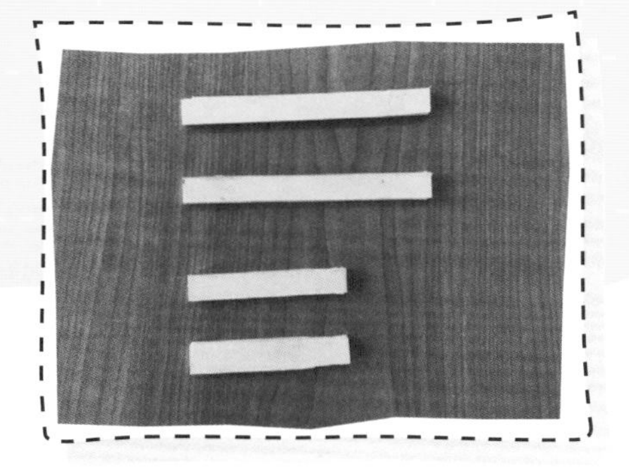

用万能胶将做好的泡沫条粘好，长条做底座，短条做支撑，组成支架。

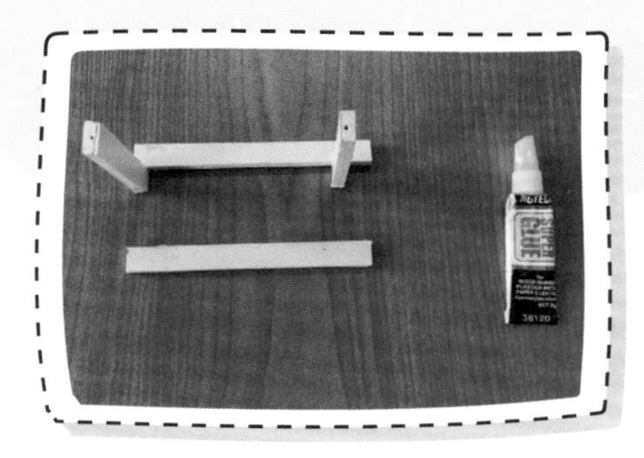

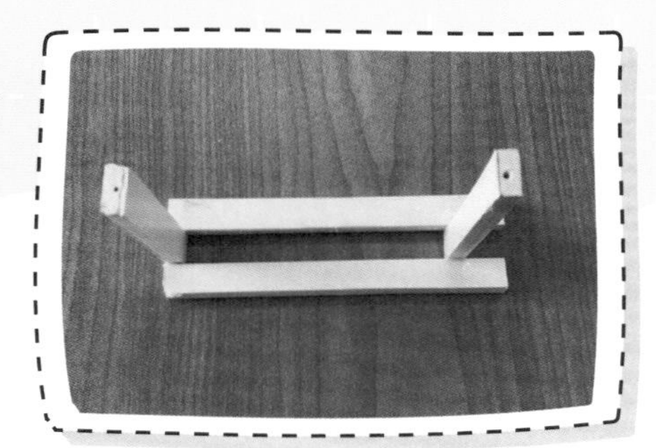

将签字笔的笔芯取出，将铜线在笔芯上绕2~3圈，随后用剪刀剪断，做成如图的2个部件。

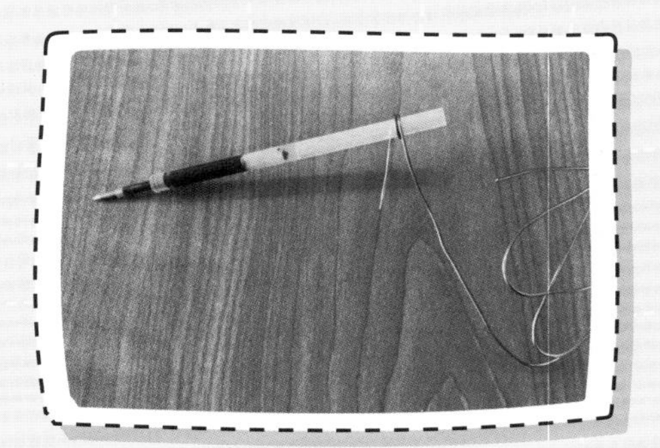

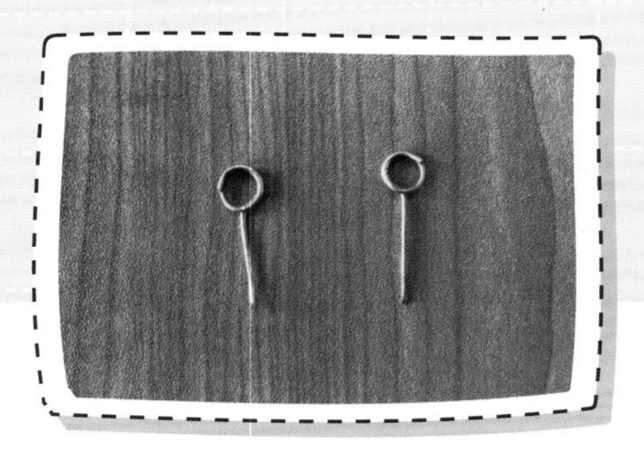

将上一步做好的两个铜线圈分别插入泡沫板支撑架上。

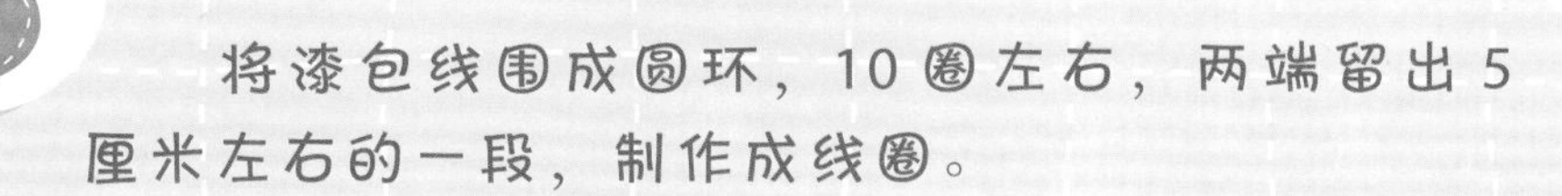

将漆包线围成圆环，10圈左右，两端留出5厘米左右的一段，制作成线圈。

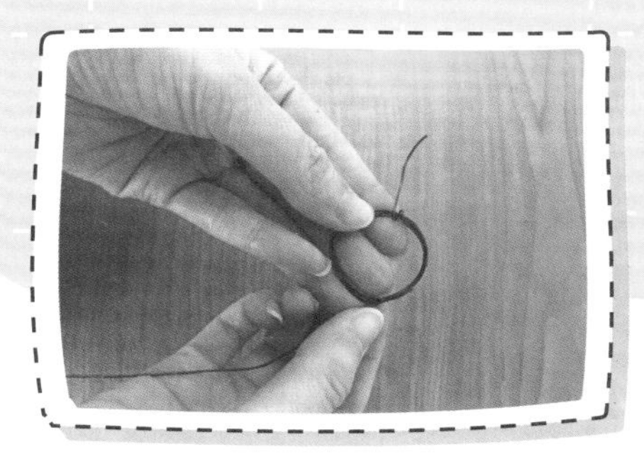

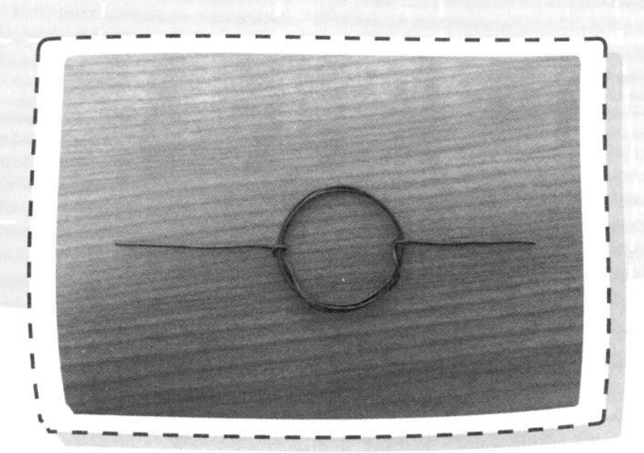

将线圈一侧的外漆用裁纸刀刮掉，另一侧只刮掉一半漆面。并将它放置在支撑架的两个铜线圈孔中，在线圈正下方放上磁铁。

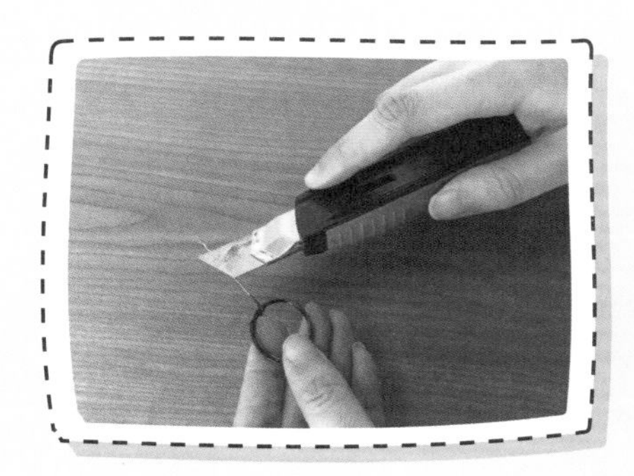

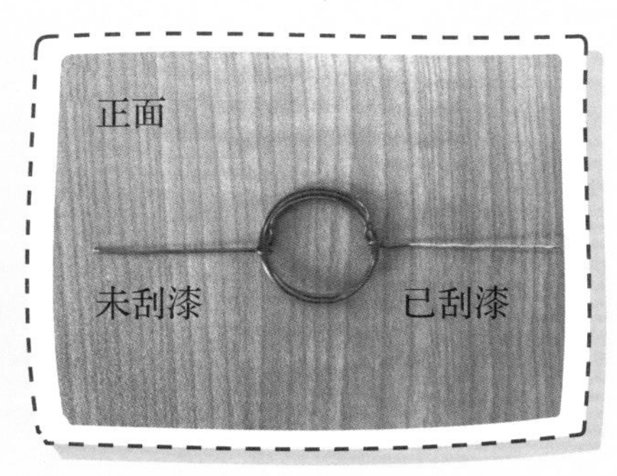

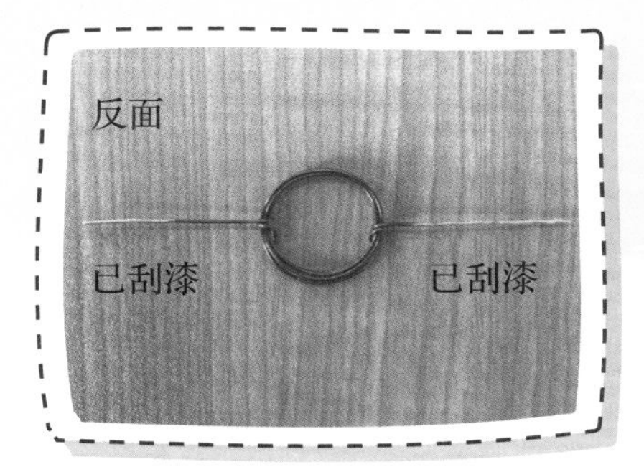

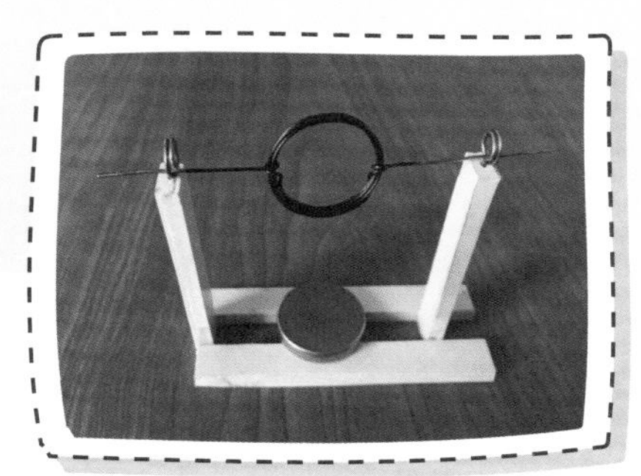

7

将3节5号电池正负极首尾相接，并在两端的正负极上连接导线，利用透明胶带进行固定。

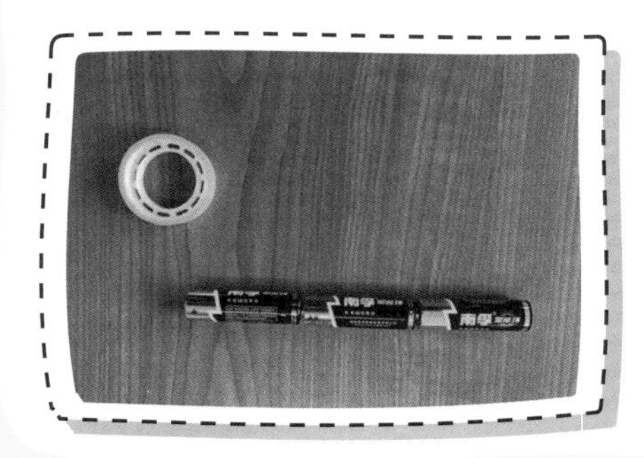

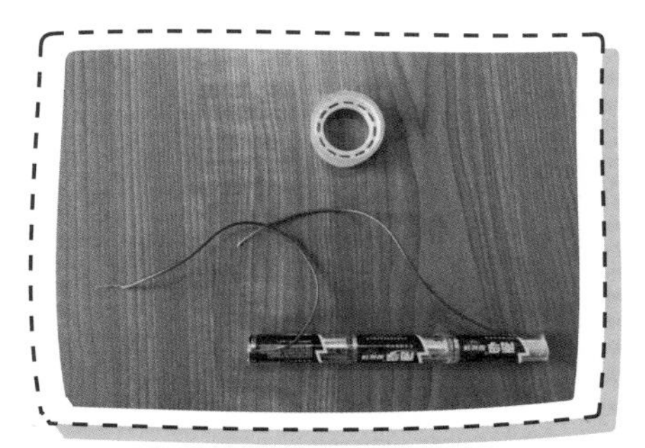

8

将导线连接到两个铜线圈上，确保电路连通。旋转一下漆包线线圈，电动机就运转起来了！

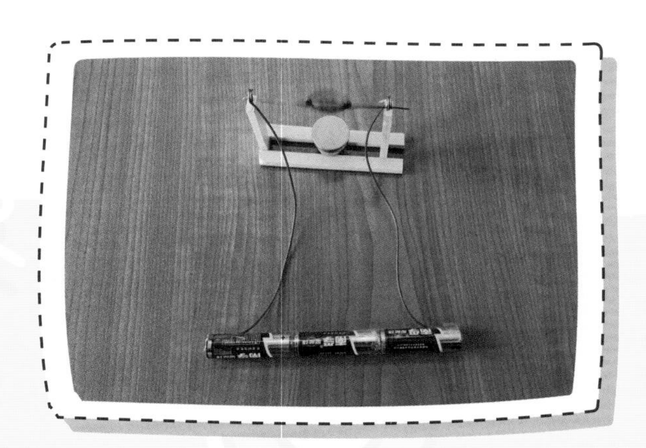

科学小课堂

电动机就是将电能转化为机械能的装置。我们这里制作的是直流电动机的雏形，载流导线在磁场中所受到的安培力的作用是直流电动机的基本工作原理。通电导线处于磁场中时，导线中的电流会受到磁场所施加的安培力作用，产生运动。当线圈平面与磁场方向平行时，线圈上下所受的力方向相反，这样线圈便受到一个扭矩的作用，发生转动。不过，如果线圈中的电流是持续的，那么当线圈转过与磁场方向相垂直的平面后，由于安培力而产生的扭矩方向与之前刚好相反，因此线圈会很快停下来。这时我们便需要一个换向器。巧妙地将漆包线正面一侧刮漆，一侧不刮漆，就起到了换向器的作用。在转动过程中有一半的时间线圈不通电，此时线圈不受安培力的作用，从而避免了反向力矩对线圈转动的阻碍，因此线圈快速地旋转了起来。

自己会走的小船

作者：高梦玮

刘慈欣的科幻小说《三体》中有这样一段情节：程心和艾AA受云天明所讲述的童话故事提醒，在浴缸中用肥皂驱动了一个纸叠的小船，进而引发了二人对曲率驱动光速飞船的研发思路。肥皂也能作为动力？肥皂驱动的小船有哪些神奇之处呢？今天，我们就一起来做一个神奇小船，了解其中蕴含的科学道理。

制作自己会走的小船，你需要准备的材料为：泡沫板、剪刀、洗洁精、水槽。

制作材料

用剪刀把泡沫板剪成小船的形状，并在小船内部开一个小口。图中尺寸仅供参考，大家也可以发挥想象力，做出其他形状和尺寸的小船，试试能不能成功。

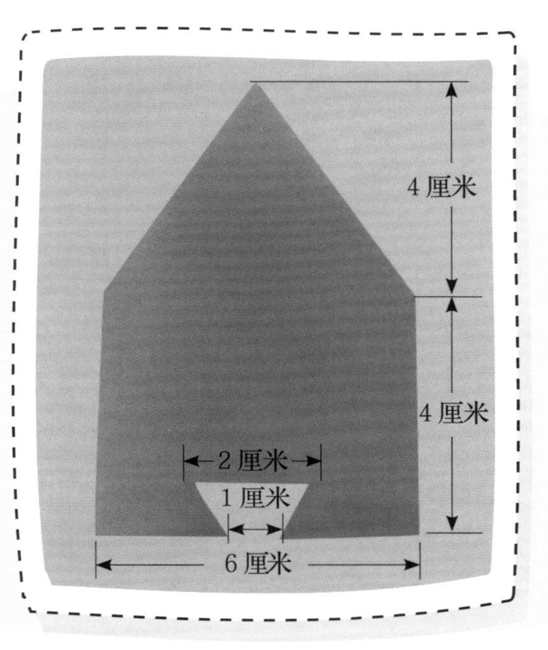

把小船放入水中，向小船的开口处滴一滴洗洁精。

接下来，就是见证奇迹的时刻啦！看，小船竟然自己向前走了！完全“零”动力哦！

扫码观看演示视频

科学小课堂

驱动小船前进的是表面张力。表面张力是作用于液体表面，使液体表面积缩小的力。就像是我们要把弹簧拉开些，弹簧反而具有收缩的趋势。表面张力产生的原因是液体跟气体接触的表面存在一个薄层，叫作表面层，表面层里的分子比液体内部稀疏，分子间的距离比液体内部大一些，分子间的相互作用表现为引力，这种引力使得液体表面具有收缩的趋势。有了表面张力，我们会发现，液体不是永远都铺成“一片”的，有时候我们能看到成“滴”的液体。今天这个小实验，就是改变了液体原有的表面张力，使其成为驱动小船前进的动力。

当我们把小船放在水中时，小船受到的表面张力如图所示（用箭头表示力的方向）。

从这张示意图中我们可以发现，此时小船受到的力是平衡的，所以会在水中静止不动。

当我们向水中加入洗洁精时（图中绿色部分），由于洗洁精属于表面活性剂，能显著降低液体的表面张力，因此小船开口处水的表面张力显著降低，此时小船受到的力不再平衡，向前的合力大于向后的合力，于是小船开始向前运动。

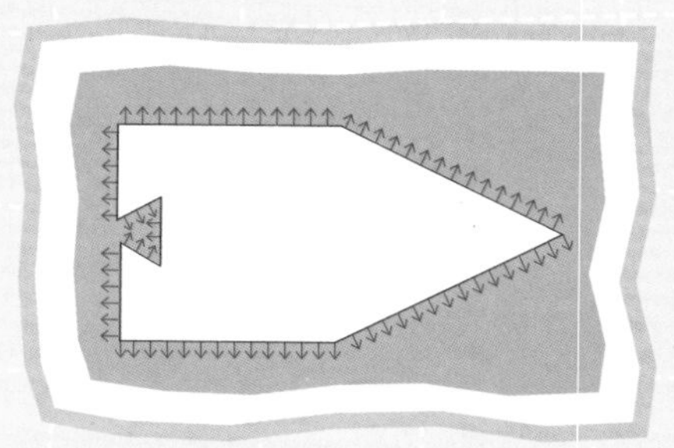

未加入洗洁精时小船的受力情况

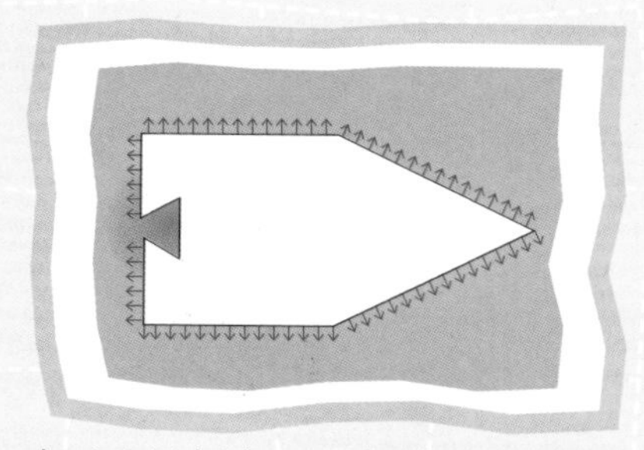

加入洗洁精后小船的受力情况

表面张力在生活中的表现也有很多，比如荷叶上的露珠呈近似球形、水黾可以在水面上行走、打碎了体温计后散落的水银滴也呈球形等。

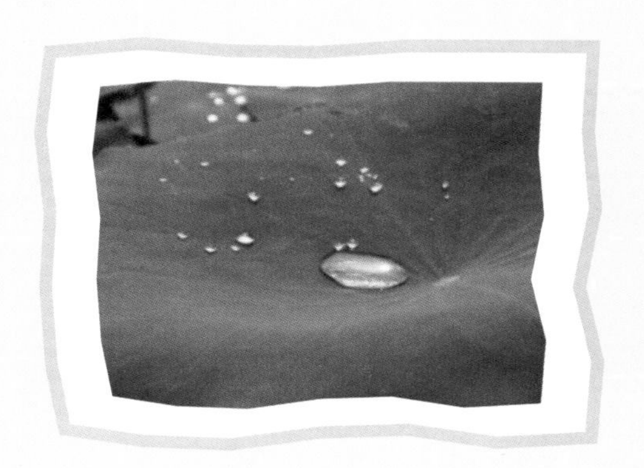

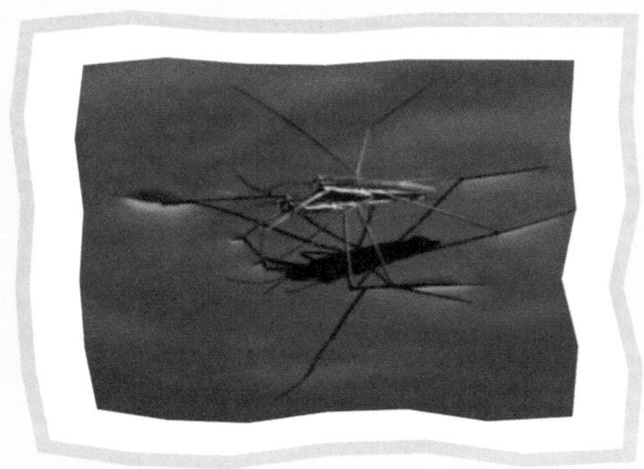

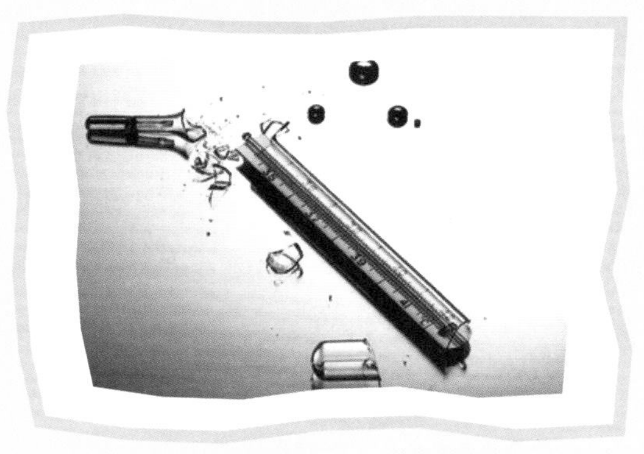

我的蒸汽船

作者：李志忠

詹姆斯·瓦特是苏格兰著名的发明家和机械工程师。1776年，他制造出第一台有实用价值的蒸汽机，之后又经过一系列重大改进，使蒸汽机在工业领域得到了广泛应用。他开辟了人类利用能源的新时代，是第一次工业革命时期的重要人物。今天我们就利用一些简单的材料制作一个蒸汽机，来了解一下其中的科学吧。

制作蒸汽船，你需要准备的材料为：泡沫板（或木板）、装饰蜡烛、0.3 毫米空心铜（铝）散热管（长 30 厘米以上）、铅笔、尺子、改锥、胶棒、双面胶、点火器、塑料滴管、隔热手套。

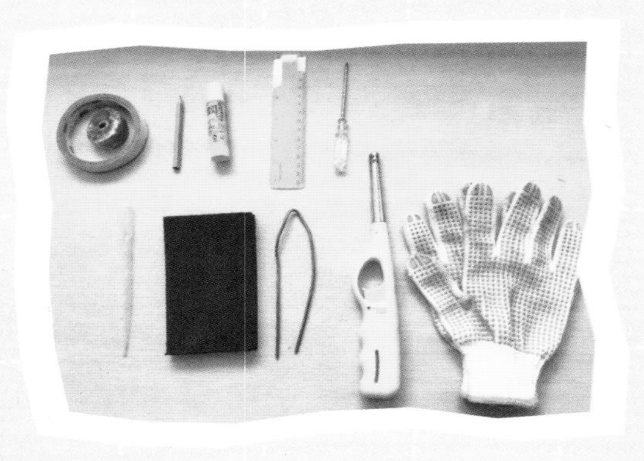

制作材料

将泡沫板（或木板）裁成 20 厘米 ×10 厘米的长方形。

将蜡烛放置在距离长边 1/3 处，用铅笔标记位置。

用改锥在直径上两点处钻两个孔（孔要穿透）。

用铅笔和尺子为小船设计一个阻力小的船头，进行裁剪。

使用胶棒辅助，将铜管从中间弯折 3 个铜圈，并将两条引脚调整齐平。

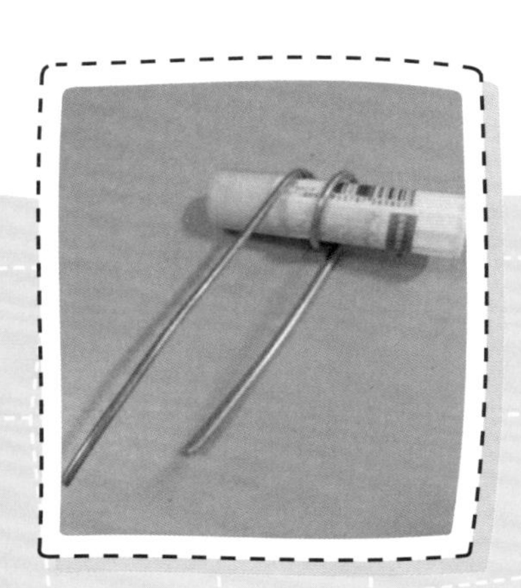

将铜管引脚穿过小船，将蜡烛用双面胶固定在铜圈下，蜡烛捻距离铜圈高度 0.5 厘米左右。

将船下的铜管向后弯折至水平，小船制作完成。

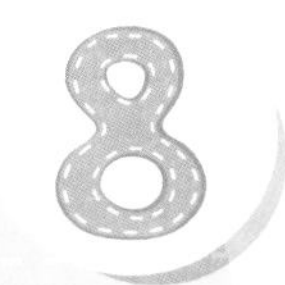

找到一个水盆或水槽，注入至少 3 厘米深的水，使用塑料滴管将水注满铜管内部。将小船放置在水面上，用点火器点燃蜡烛，静置 1~2 分钟，你将会看到小船周围出现波纹，向前行进。

小贴士

本活动要使用点火器，且铜管具有非常好的导热性，为避免发生烫伤，请一定要在大人陪同下进行实验，并且触摸铜管之前要佩戴隔热手套。

科学小课堂

加热 1~2 分钟以后，小船周围会出现脉冲式的波动，推动小船前进。如果此时将小船拿出水面，则会看见水间歇性地从铜管里向后喷射出来。

小船能够自行向前航行是因为铜管内注满了水，水被加热至 100℃时汽化成水蒸气，体积增大，将旁边没有汽化的水外排，形成反作用力推动小船前进。随着铜圈部分的水变为水蒸气，运动至水下被水降温，水蒸气会再度液化变回水回流至管内进行循环，产生源源不断的动力。

纸带上的太阳系

作者：孙伟强　张志坚

几千年来，人类一直在仰望星空，探索星空的奥秘。人们常常在问：茫茫宇宙，我们的位置在哪里？怎样才能飞出太阳系，需要多久？宇宙中的其他星球有没有生命存在？

太阳系由八大行星和小行星带等组成，它到底有多大呢？太阳系的边缘柯伊伯带到太阳的距离有50 ~ 500天文单位（1天文单位≈149597870691±30米）。对于这串陌生的数字大家可能没有直观概念，下面我们一起来制作一个太阳系的尺寸模型，来领略它的广阔与浩瀚。

制作纸带上的太阳系模型，你需要准备的材料为：1条长约1.8米的纸带和1张画有八大行星、小行星带和柯伊伯带的贴纸（你也可以准备画笔自己画出太阳系中包含的八大行星、小行星带和柯伊伯带）。

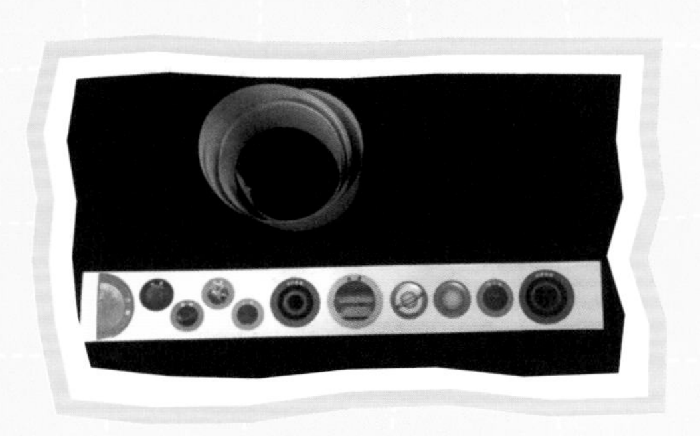

制作材料

在纸带的一端贴上太阳系的中心——太阳，另外一端贴上太阳系的边缘柯伊伯带，这样我们就得到了太阳系的中心和远端。

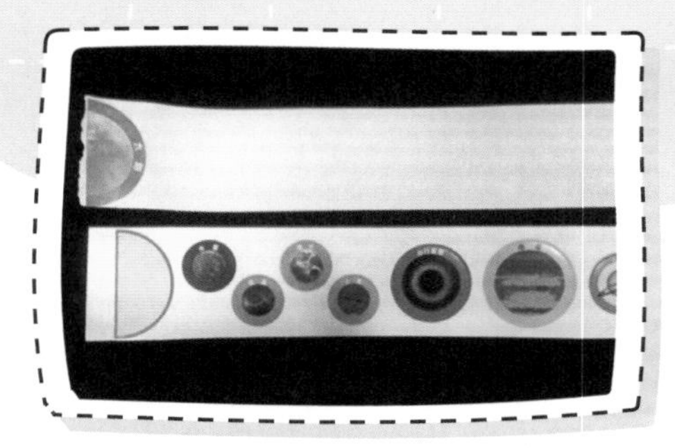

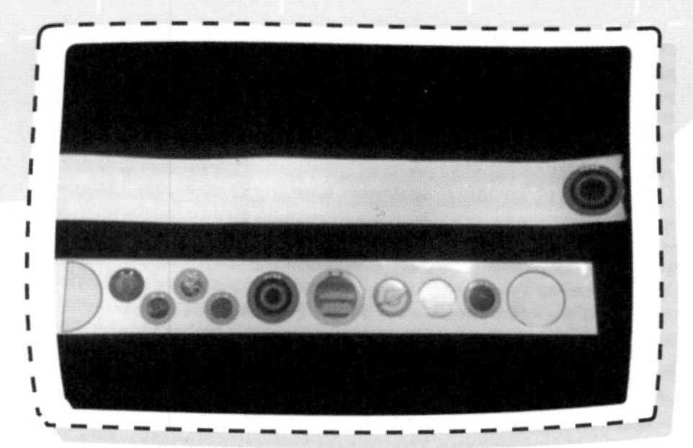

将纸带两端对齐后，将纸带对折并在中间的折痕上贴上天王星。

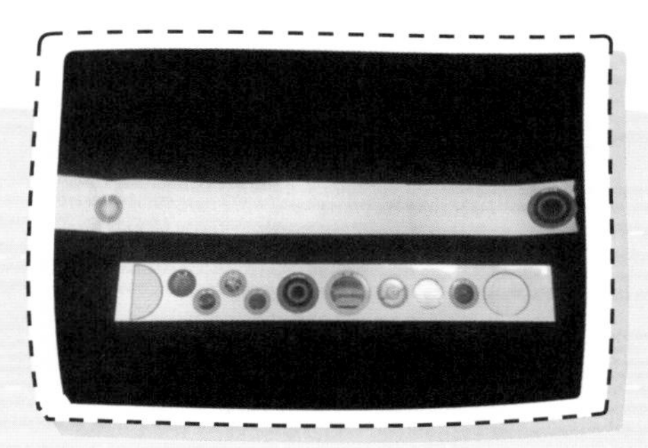

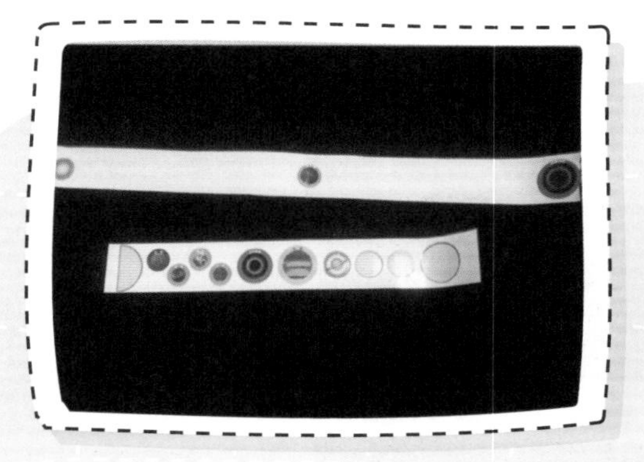

将柯伊伯带与天王星对齐，将纸带对折并在中间的折痕上贴上海王星。

4

将太阳与天王星对齐，将纸带对折并在中间的折痕上贴上土星。

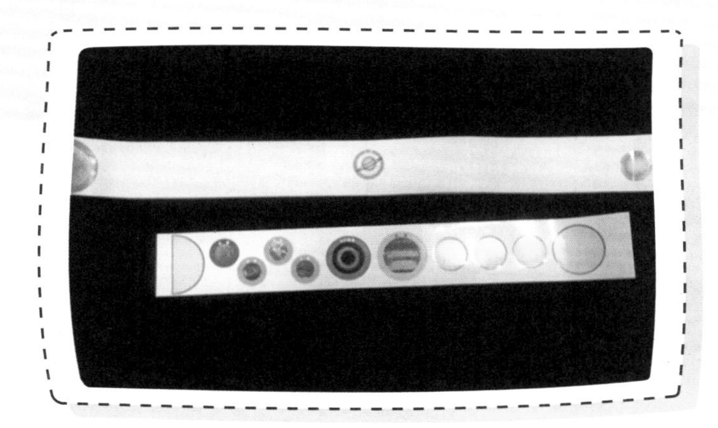

将太阳与土星对齐，将纸带对折并在中间的折痕上贴上木星。

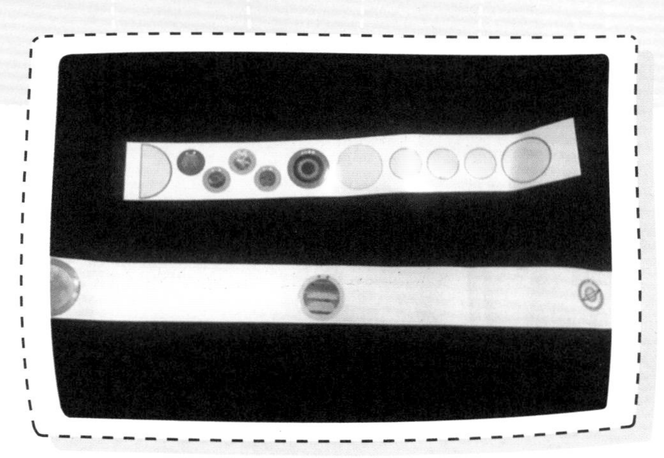

6

将太阳与木星对齐，将纸带对折并在中间的折痕上贴上小行星带，在小行星带与太阳之间，从太阳附近开始依次贴上水星、金星、地球和火星。

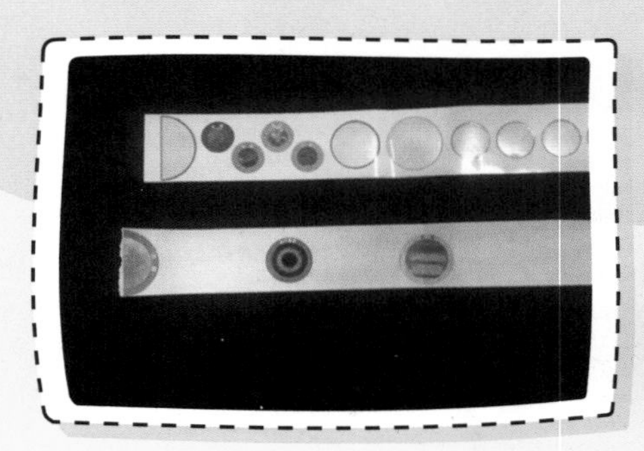

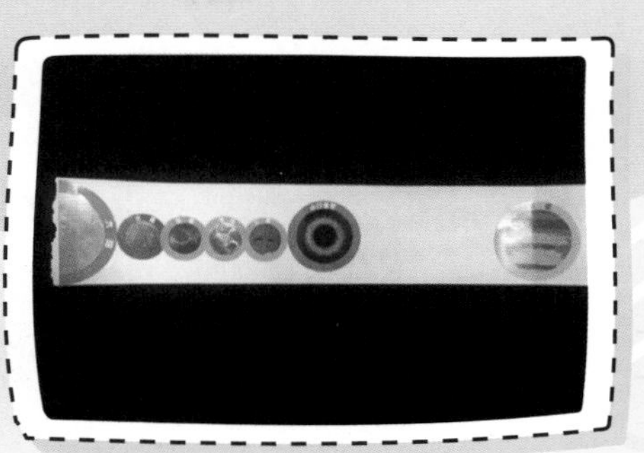

7

我们用一条纸带完成了对太阳系基本模型结构的模拟。

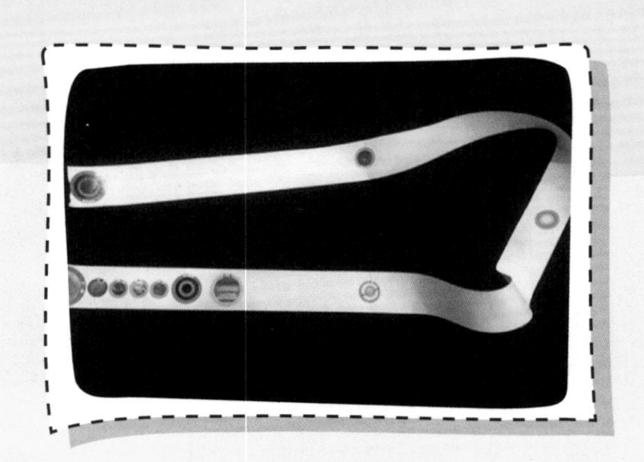

科学小课堂

人类对宇宙的认识经历了漫长的过程，下面介绍几个具有代表性的阶段。

天圆地方

“天圆地方”是中国历史上产生年代较早的一种天地结构学说。有考据说来源于《易经》先天八卦的演化所推演出的天地运行图。其中，外部环绕的卦象，代表天的运转规律，而中间方形排列的卦象，则代表地的运转规律。天是主，地是次，天为阳，地为阴。两者相互感应，生成了天地万物。代表着古代人的一种时空观念。

地心说

在 15 世纪前的 2000 年间，人类对宇宙的了解，只限于对现象的观察，其中臆想多于理论，在科学的概念尚未成形之时，具有宗教观点的哲学论述大行其道。

2 世纪，古希腊的托勒密成为“地心说”的集大成者，他建立了完整的“地心说”模型。他认为，地球是宇宙的中心，其他的星体都是围绕它而运行的。

日心说

1543 年，哥白尼发表了《天体运行论》，首次系统地提出了日心体系，日心体系比较真实地揭示了太阳系的结构，推翻了地心说，将天文学从神学中解放出来，同时标志着近代天文学的诞生。

宇宙大爆炸

20 世纪 20 年代，天文学家根据深空观测发现并确认我们的宇宙既不是永恒的和宁静的，也不是无限的和无始无终的，而是动态的、演化的和膨胀扩大的。根据膨胀的速率回溯，测出我们的宇宙起源于约 138 亿年前的一次“大爆炸”。这一结论不仅得到理论上的支持，还被 20 世纪 60 年代发现的大爆炸的遗迹——宇宙微波背景辐射所证实。